맛있는 홍차를
집에서 즐기는 책

일러두기

- 홍차와 다원 등의 명칭은 공식 수입원 또는 판매처가 있는 경우에는 해당 표기를, 없는 경우에는 시중에서 널리 쓰이는 표현을 따랐습니다.
- 이 책에 등장하는 외래어는 '외래어 표기법'을 따르고 있으나 오랜 관행으로 독자의 편의에 부합하는 경우에는 이를 허용하였습니다.
- 한국의 홍차 역사(17쪽), 한국의 홍차 브랜드 및 판매처(225~227쪽)는 한국어판 독자들을 위해 새롭게 쓰였습니다.

맛있는 홍차를
집에서 즐기는 책

야마다 사카에

이승원 옮김

BOOKERS

목차

Part 1   Darjeeling

Part 2 Assam

Part 5 Herb Tea

 Part 6 Flavored Tea

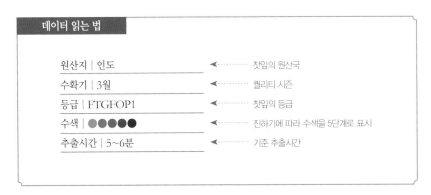

데이터 읽는 법

원산지 │ 인도	◄········· 찻잎의 원산국
수확기 │ 3월	◄········· 퀄리티 시즌
등급 │ FTGFOP1	◄········· 찻잎의 등급
수색 │ ●●●●●	◄········· 진하기에 따라 수색을 5단계로 표시
추출시간 │ 5~6분	◄········· 기준 추출시간

* 이 책에서 소개하는 찻잎은 2018년 8월 기준이다. 수확 연도에 따라 맛. 향. 수색에 차이가 있다.

세계의 홍차 산지

홍차는 세계 여러 나라에서 생산된다. 그중에서도 인도의 다르질링, 스리랑카의 우바, 중국의 기문은 세계 3대 명차로 불린다. 머릿속에 산지를 떠올리면서 마셔보면 한결 깊어진 홍차의 맛을 느낄 수 있다.

네팔

인지도 면에서 네팔의 차는 많이 알려지지 않았다. 그러나 최고급 홍차로 유명한 인도 다르질링 지구와 지리적으로 인접해 있어 찻잎의 품질이 상당히 좋다. 1977년에는 국영홍차개발협회가 설립되었다. 네팔의 홍차 산업은 연간 생산량 2만 톤을 달성하며 해마다 건실하게 성장해 나가고 있다.

인도

인도는 연간 약 100만 톤의 홍차를 생산하는 세계 최대 홍차 생산국이다. 북동부에 다르질링, 도아스, 아삼이 있고 남부에는 닐기리 등의 산지가 있다. 3대 명차 가운데 하나이기도 한 다르질링은 수확 시기에 따라서 맛과 향이 모두 다르다.

케냐

영국의 자본이 유입되면서 동아프리카 지역에서도 홍차가 생산되기 시작했다. 특히 정치적으로 안정된 케냐에서 순조롭게 발전했다. 수색(水色)이 밝고 강렬해서 블렌드 홍차 및 티백에 많이 사용된다.

스리랑카

스리랑카는 인도 남쪽에 자리한 작은 섬나라다. 과거에 실론이라는 이름으로 불린 까닭에 지금도 스리랑카의 홍차를 일컬어 '실론 홍차'라고 부른다. 생산량으로는 인도, 케냐, 중국의 뒤를 이어 세계 4위를 차지하고 있으며, 3대 명차로 꼽히는 우바 외에도 누와라엘리야, 딤불라, 캔디 등의 차 산지가 유명하다.

중국

Anhui
안후이 성

Keemun
기문

Lapsang Souchong
랍상소우총

중국

중국은 차(茶)의 발상지다. 주로 녹차를 생산해서 홍차의
점유율은 낮은 편이지만, 3대 명차 가운데 하나인 기문
홍차와 유럽인들이 좋아하는 랍상소우총(정산소종) 같이
이름난 홍차를 생산하고 있다.

인도네시아

제2차 세계대전이 일어나기 전까지 네덜란드의 식민지였
던 인도네시아는 인도, 실론(현 스리랑카)과 어깨를 나란
히 하는 홍차 생산국이었다. 그러나 전쟁으로 다원(茶園)
은 폐허가 되었고 재건하는 데 오랜 시간이 걸렸다. 현재
는 예전의 다원 대부분이 국유화되었다.

인도네시아

Java
자바

홍차의 역사

홍차 한 잔에 깃들어 있는 역사와 그 배경을 이해하면 홍차의 매력에 더 깊이 빠져들게 된다.
전쟁의 불씨가 되기도 한 홍차의 역사를 들여다본다.

차의 기원은 중국

오늘날에는 홍차를 비롯해 녹차, 우롱차 등 다양한 차를 세계 각지에서 생산하고 있지만, 차의 원산지는 원래 중국 남부 윈난성에서부터 티베트에 걸친 산악지대다. 일설에 따르면, 중국에서는 기원전 2천 년 전부터 산화되지 않은 녹차를 불로불사(不老不死)의 약으로써 마셨다고 한다. 4세기 무렵부터 차를 재배하기 시작하여 7세기에 이르러서야 기호품으로 즐기게 되었지만, 아직은 왕후 귀족만 마실 수 있는 귀한 것이었

다(이때도 여전히 홍차가 아닌 녹차를 마셨다).

그 후 중국에서 농업이 발달하고 차 생산이 늘면서 일반 시민 사이에서도 차를 마시는 습관이 자리 잡았다. 홍차의 원형이라고 할 수 있는 산화차는 10~13세기 송(宋)나라 시대에 등장했다. 그러나 찻잎이 어떻게 산화되었는지는 알려진 바가 없다. 이 무렵 실크로드로 대표되는 아시아에서의 교역이 활발해지면서 차는 아시아 곳곳으로 빠르게 퍼져나갔다.

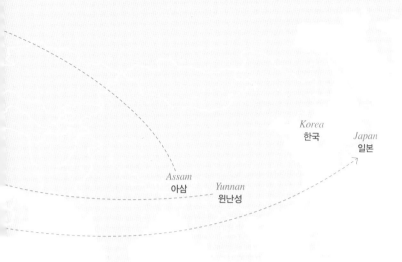

Korea
한국

Japan
일본

Assam
아삼
Yunnan
윈난성

유럽으로 건너간 홍차

서구 열강이 대항해 시대를 연 17세기, 유럽에서 중국산 차를 수입하면서 홍차의 역사가 본격적으로 시작되었다. 동남아시아를 중심으로 아시아의 여러 나라와 독점무역을 하던 네덜란드의 동인도회사는 1610년 처음으로 중국차를 유럽에 선보였다. 그 후 산화되지 않은 녹차를 마시는 문화가 프랑스와 영국으로 건너갔다.

흔히 홍차라고 하면 영국을 떠올리지만, 당시에는 네덜란드를 거쳐 수입되었기 때문에 1630년대부터 차를 마시던 네덜란드와 달리 영국에서는 1650년대까지 차를 마시지 않았다. 그즈음 영국도 이미 아시아와 무역을 하고는 있었지만, 중국이 아닌 인도를 중심으로 한 무역이었다. 19세기 이후 아삼종(種)이 발견되기 전까지, 인도에는 차가 존재하지 않았다.

영국에서 꽃핀 홍차 문화

1662년 포르투갈의 캐서린 공주는 영국 왕실과 혼인을 맺었다. 이때 지참금과 함께 당시 매우 귀한 물건이었던 설탕과 차를 대량으로 가지고 가서 매일같이 차에 설탕을 듬뿍 넣어 마셨다고 한다. 귀족들이 이 방식을 따라 하면서 차가 크게 유행했다.

한편, 영국은 차 수입을 독점한 동인도회사에 불만을 품고 네덜란드와 전쟁을 시작했다. 전쟁이 한창이던 1669년에는 네덜란드로부터 차 수입을 금지하는 법률을 제정하기도 했다. 전쟁에서 승리한 영국은 차 수입에 관한 권리를 빼앗고, 중국 푸젠성의 아모이

(현 샤먼)를 거점으로 차를 수입하기 시작했다. 그리고 1689년 마침내 중국에서 출발한 차가 경유지 없이 영국에 도착했다.

이 전쟁은 영국에서 홍차 문화가 발달하는 계기가 되었다. 아모이에 모인 차는 지금의 홍차와 비슷한 우이차(武夷茶)라는 부분 산화차였다. 찻잎이 검은빛을 띠어 블랙티(black tea)로도 불렸다. 차의 인기가 비산화차인 녹차에서 부분 산화차로 옮겨가면서 유럽의 홍차 문화도 꽃을 피우기 시작했다.

미국의 반발, 보스턴 차 사건

18세기 후반에 접어들면서 홍차는 미국에서도 높은 인기를 끌었다. 당시 영국의 식민지였던 미국이 거대한 차 소비 시장으로 성장하자, 1765년부터 영국은 높은 세금을 부과하는 인지세법을 시행했다. 이에 미국이 반발하여 영국 상품 불매운동을 벌였고, 그 결과 차세만 남기고 인지세법은 폐지되었다. 그러나 과세 반대 운동은 더욱 거세졌다.

1773년, 보스턴 항에 정박한 영국 배를 습격해 실려 있던 342개의 차 상자를 바다에 던져버린 보스턴 차 사건이 일어났다. 이 사건이 기폭제가 되어 여러 항구에서 비슷한 일이 잇달았고 결국 미국 독립전쟁으로 이어졌다.

홍차를 즐기는 중산층 사람들

아삼종의 발견

1823년 홍차 역사에 새로운 막이 올랐다. 영국의 모험가 로버트 브루스(Robert Bruce)가 인도 아삼 지방에서 자생하는 차나무를 발견한 것이다. 이 나무가 바로 현재의 아삼종으로, 중국종과 종류가 다른 차나무라는 사실이 밝혀지면서 1839년에 아삼차가 탄생했다.

그리고 1845년에 영국인 로버트 포춘(Robert Fortune)은 제조법이 다를 뿐 녹차와 홍차의 원료는 결국 같은 차나무라는 사실을 밝혀냈다. 중국종보다 큰 아삼종 찻잎 덕분에 대량생산이 가능해지고 두 종 간의 교배에도 성공하면서, 당시 영국의 식민지였던 인도와 실론에서 홍차를 재배하기에 이르렀다. 그리하여 영국의 홍차 문화는 점점 퍼져나가게 되었다.

메이지 시대 일본에 전해진 홍차

나라 시대(710년~794년)에 견당사를 통해 중국 녹차가 전해진 이후 일본은 독자적으로 차 문화를 발전시켜 나갔다. 다도(茶道)를 정립하였으며, 에도막부 말기(약 1840~1860년대)에는 일본 차를 유럽에 수출하기도 했다. 일본에 홍차가 들어온 것은 메이지유신(1868년) 이후의 일로, 처음 문을 두드린 나라는 영국이었다.

당시 일본 정부는 자국 내에서 홍차를 생산하기 위해 전국 각지에 홍차 시험장을 설치하고, 중국과 인도에서 제조기술을 배워왔다. 그러나 고품질의 홍차를 만들지 못한 채 결국 실패하고 말았다. 그 뒤로는 고급 식료품으로 수입에만 의존했다.

1906년, 오래된 수입 식료품점 메이지야에서 립톤 홍차를 수입하여 판매하기 시작했다. 출시되자마자 유행하며 상류계급 사람들에게 사랑받는 음료가 되었다. 그 뒤를 이어 1927년에는 일본 최초의 홍차 브랜드인 미쓰이 홍차(현 일동홍차)가 국산 홍차 제품을 판매하기 시작하면서, 일반 가정에서도 마시는 음료로 자리 잡았다.

홍차 수입이 완전히 자유로워진 1971년 이후, 손쉽게 전 세계의 다양한 홍차를 맛볼 수 있게 되었다. 현재 일본에서 소비되는 홍차는 대부분 수입품이며, 시즈오카와 구마모토, 미에 등지에서 품질 좋은 일본산 홍차를 생산하고 있다.

레트로풍 찻집 성냥 컬렉션

홍차보다는 녹차, 한국

한국이 언제부터 차를 마셨는지는 정확히 알 수 없지만, 대략 3~4세기의 백제가 시작이었을 것으로 추정된다. 이곳에서 출토된 차 주전자와 주발이 이러한 주장을 뒷받침한다. 신라에서도 차를 즐겨 마셨는데, 『삼국사기』에 따르면 선덕여왕 때(632~647년)부터 차를 마시고 828년에는 차 종자를 당나라로부터 들여와 차를 재배하기 시작했다고 한다.

차 문화의 전성기는 고려시대다. 고려는 국가적 차원에서 다방내시(茶房內侍)라는 제도를 마련해 차에 대한 제반 일을 맡도록 했다. 차를 전문적으로 생산하는 장인집단의 행정구역인 다소(茶所)가 21개소나 되었으며, 차를 파는 다점(茶店)도 다수 생겨 일반 백성들도 돈이나 물건으로 차를 사거나 마실 수 있었다.

그러나 한국은 기후와 품종 문제로 홍차 생산이 어려워 홍차보다는 주로 녹차를 생산해왔다. 녹차를 만드는 국내업계가 가끔 홍차 생산을 시도했으나 아직은 미비한 수준이다. 수입 홍차 역시 높은 관세와 적은 수요 덕분에 제품의 수가 극히 한정되어 있어 차 애호가의 아쉬움을 자아낸다.

홍차의 등급

포장 용기에 기재된 OP, FOP 등의 표기는 찻잎의 등급을 가리킨다. 간략하게 살펴보자.

홍차의 등급은 맛을 나타내지 않는다

'오렌지 페코'라는 단어를 들어본 적이 있을 것이다. 홍차의 상품명에도 등장하는 이 말은 본래 찻잎의 크기와 모양을 나타내는 표현이다. 홍차를 우릴 때, 찻잎이 작고 가늘수록 큰 잎보다 수색과 향미가 빨리 우러난다. 따라서 크기가 다른 잎이 섞여 있으면 일정한 방법으로 차를 우리지 못한다. 이런 이유로 공장에서 출하하기 전에 찻잎의 크기와 모양을 선별하는데, 이때의 선별 기준이 바로 찻잎의 등급 구분이다. 즉 품질상의 등급이 아닌 찻잎의 크기와 모양을 나타내는 것이다.

한편, 새싹의 끝이 말리고 매끈하고 뾰족한 Tippy나 황금색 솜털이 붙어 있는 Golden은 수량이 극히 한정적이라는 점 때문에 등급 구분의 주류에서 제외되었다. TGFOP 앞에 SF 또는 F가 붙기도 하는데, S는 Special, F는 Fine을 뜻하며 생산자가 붙이는 것이다.

홍차의 등급 구분

ORTHODOX GRADES 정통 제법 등급

1 WHOLE LEAF 홀 리프
TGFOP
(Tippy Golden Flowery Orange Pekoe)
GFOP
(Golden Flowery Orange Pekoe)
FOP1
(Flowery Orange Pekoe One)
FOP(Flowery Orange Pekoe)
OP(Orange Pekoe)

2 BROKENS 브로큰
TGBOP
(Tippy Golden Broken Orange Pekoe)
GBOP
(Golden Broken Orange Pekoe)
FBOP
(Flowery Broken Orange Pekoe)
BOP1(Broken Orange Pekoe One)
BOP(Broken Orange Pekoe)
BP(Broken Pekoe)

3 FANNINGS 패닝
BOPF
(Broken Orange Pekoe Fannings)
GOF(Golden Orange Fannings)
OF(Orange Fannings)
PF(Pekoe Fannings)

4 DUSTS 더스트
PD(Pekoe Dust)
D1(Dust One)
D(Dust)

CTC GRADES CTC 등급

1 BROKENS 브로큰
BP1(Broken Pekoe One)
BP(Broken Pekoe)

2 FANNINGS 패닝
PF1(Pekoe Fannings One)
PF(Pekoe Fannings)

3 DUSTS 더스트
PD(Pekoe Dust)
D1(Dust One)
D(Dust)

* 출처: *The World Tea Trade*, Denys Forrest, 1985.

잎 나누는 방법

플라워리 오렌지 페코
(Flower Orange Pekoe)

오렌지 페코
(Orange Pekoe)

페코
(Pekoe)

페코 소우총
(Pekoe Sauchong)

소우총
(Sauchong)

주요 등급 구분

OP (Orange Pekoe, 오렌지 페코)

오렌지 페코는 상품명이 아니며 향미를 나타내는 표현은 더더욱 아니다. OP라고 표기되어 있더라도 오렌지 향은 나지 않는다. OP는 일련의 제다 과정을 거쳐서 완성된 원료 찻잎의 일정 크기와 형태를 나타내는 표현일 뿐이다. 일반적으로 OP 등급의 찻잎은 길이 7~11mm의 바늘 모양으로 잎이 얇다. 어린 새싹도 섞여 있고 수색은 옅은 오렌지색이다. 오렌지나 향기와는 관계가 없다.

BOP (Broken Orange Pekoe, 브로큰 오렌지 페코)

원래 홀 리프 잎차로 생산될 OP 타입의 찻잎을 기계로 분쇄하여 만든 것을 가리키며 크기는 보통 2~3mm 정도다. 새싹이 가장 많이 포함되어 있어 상급품이 많다. 다만 생산국 및 산지, 시기에 따라서 크기가 들쑥날쑥하고 균일하지 않다. OP와 BOP는 제조방법부터 다른데, OP는 찻잎을 살살 비비면서 말아주는 반면, BOP는 위에서 강한 압력으로 누르면서 비벼 찻잎을 부스러뜨린다.

BOPF (Broken Orange Pekoe Fannings, 브로큰 오렌지 페코 패닝)

BOPF는 BOP 찻잎을 더 작고 곱게 1~2mm 크기로 자른 것이다. 수색은 한층 진해지고 향도 빠르게 우러나서 주로 티백을 만들 때 사용한다. BOPF보다 약간 크면 PF(페코 패닝), 더 작은 찻잎은 F(패닝)으로 구분한다.

D (Dust, 더스트)

제다공장에서 만드는 찻잎 중에서 가장 작은 사이즈를 가리키는 홍차 업계용어다. 티끌 혹은 먼지라는 뜻이 아니므로 문자 그대로 해석하지 않는다. 브로큰 타입인 BOP, BOPF, F 등을 만들 때 함께 만들어지며, 품질 좋은 더스트는 높은 가격으로 거래된다. 통상적으로 더스트는 인도 등 생산국 내수용 홍차로 대량 소비된다. 수색이 짙고 맛도 강하며 빠르게 우러나는 특징이 있다.

CTC제법

CTC제법은 특수 유념기(찻잎을 비비는 기계)를 사용한 제다법으로, CRUSH(으깨기), TEAR(찢기), CURL(동글리기)의 첫 글자를 딴 것이다. 회전수가 다른 두 개의 롤러 사이에 찻잎을 넣고 으깨어 찻잎의 조직을 파괴한 뒤, 잘게 잘라 동글동글하게 모양을 만든다. 잎에서 배어난 즙이 섬유질에 붙은 채 그대로 건조되기 때문에 찻잎은 적갈색을 띠며, 끓는 물을 부으면 짧은 시간에 향미와 수색이 우러난다. CTC제법으로 만든 차는 개성이 약하다는 평을 듣지만, 품질이 좋은 차는 티 옥션(Tea auction)에서 고가에 거래되기도 한다.

오렌지 페코의 유래

페코는 중국 푸젠성의 백호종(白毫種) 차나무 가지 끝에서 딴 3cm 크기의 새싹으로 만든 백차(白茶)* 그중에서도 특히 대백차를 가리킨다. 흰 솜털로 뒤덮인 이 명차는 네덜란드 상인을 통해 영국으로 건너가 영국 왕실의 하사품으로서 귀한 대접을 받았다.

19세기 중반에 들어서면서 투명한 백차와 달리 솜털과 수색에 선명한 오렌지빛을 띠는 찻잎이 인기를 끌었다. 이것을 오렌지 페코라고 불렀으며, 19세기 말에는 제대로 유념한 상급품 잎을 의미하는 단어가 되었다. 당시에는 맛과 향이 아닌 잎의 겉모습만 보고 평가했기 때문이다. 1930년대 북미에서 오렌지 페코는 고급품이라는 오해가 퍼져나갔고, 미국 상무부는 1945년에 홍차 제품의 모양과 크기를 명시하라는 지시를 내렸다. 그리하여 대형 잎을 OP 리프, 소형 잎은 OP 커트로 구분하기 시작하면서 OP는 찻잎의 크기와 형상을 나타내는 말이 되었다.

* 출처: 『개정 신판 홍차의 세계』 아라키 야스마사, 시바타쇼텐.

---

* 차나무의 어린잎을 덖거나 비비지 않고 말려서 만든 차로, 반산화차의 하나이다.

홍차가 완성되기까지

정통 제법

조심스레 손으로 딴 찻잎이 어떤 공정을 거쳐 차가 되는지 알아본다.

1 채엽: 찻잎 따기

차나무의 새싹 하나와 어린잎 두 개, 즉 일심이엽(一芯二葉)을 손으로 조심스럽게 딴다.

2 위조: 시들리기

따 놓은 잎을 선반에 얇게 펼치고 12~18시간 그늘에서 말린다. 인공 위조는 8~10시간 동안 대량의 온풍을 쐬어 시들게 한다.

3 유념: 비비기

유념기에 넣고 찻잎을 비벼서 조직을 으깨어 산화를 촉진하는 동시에 모양을 다듬는다. 이 산화가 홍차의 중요한 핵심이다.

4 풀기

유념 과정에서 덩어리진 찻잎을 체에 쳐서 골고루 산화될 수 있게 한다.

5 산화

온도 25~26℃, 습도 90% 정도로 맞춰진 공간에 찻잎을 넣는다.

6 건조

100℃ 이상의 열풍으로 수분이 3~4%가 될 때까지 말린다. 이 단계에서 산화효소의 작용이 멈춘다. 건조까지 끝난 차는 황차(荒茶)라고 하며, 이후에 크기와 형상별로 선별하면 차가 완성된다.

Check Point 1

다르질링 홍차의 세 가지 퀄리티 시즌

퍼스트 플러시(First flush, 첫물차)

3~4월에 가벼운 우기가 찾아오면 부드러운 새싹이 한꺼번에 돋아난다. 이 시기에는 수확량이 적어서 높은 가격에 거래된다. 수색은 연한 오렌지빛을 띠며, 그 맛은 풋풋하면서 섬세하고 상쾌하다.

세컨드 플러시(Second flush, 두물차)

5~6월에 수확하는 찻잎이다. 맛과 향, 그리고 감칠맛까지 어느 것 하나 모자람 없이 가장 품질 좋은 차를 만들 수 있다. 머스캣 포도 향으로 표현되는 향긋하고 풍부한 맛이 특별함을 자아낸다.

오텀널(Autumnal, 가을차)

우기가 지나가고 10월 말~11월의 건기가 되면 소량이지만 성숙한 향미를 지닌 품질 좋은 찻잎을 딸 수 있다.

Check Point 2

스리랑카 홍차(실론 홍차)의 세 가지 분류

하이 그로운 티(High-grown tea)

해발 1,300~2,300m에서 생산되는 홍차다. 밝은 수색, 섬세한 향미와 상쾌한 떫은맛이 특징인 고급 차다.

미디엄 그로운 티(Medium-grown tea)

해발 670~1,300m에서 생산되는 홍차다. 떫은맛은 적지만 향미는 강한 편이고, 감칠맛 나는 향긋함이 느껴진다.

로우 그로운 티(Low-grown tea)

해발 670m 이하에서 생산되는 홍차다. 일반적으로 향은 약하고 수색이 진하다는 특징이 있다.

Part 1

Darjeeling

인도 다르질링

'홍차의 샴페인'으로 불리는 다르질링. 다르질링 지방의
찻잎을 다원별로 소개한다. 홍차의 제왕이라는 수식어
에 걸맞은 섬세한 찻잎을 만나보자.

다르질링

맛과 향이 뛰어난 홍차의 샴페인

다르질링

인도

Darjeeling

최고급 홍차

세계 3대 명차의 하나인 다르질링은 최고급 홍차로 유명하다. 홍차를 잘 모르는 사람이라도 이름 정도는 들어본 적이 있을 것이다. 이렇게 유명해진 이유는 찻잎 자체가 훌륭하기 때문이다. 다른 찻잎에 비해 맛과 향이 월등하며, 특별히 좋은 차는 마치 고급술을 마셨을

때처럼 황홀한 여운이 남는다.

다르질링은 인도 서벵골 주의 최북단 히말라야산맥 앞에 펼쳐진 산악지대로, 해발 500~2,000m의 고지대에서 차를 생산한다. 생산지 이름이 곧 찻잎의 이름인 셈이다. 일교차가 유난히 커서 짙은 안개가 끼는데, 그

네팔 국경과 가까운 오카이티 다원. 작은 능선이 계단처럼 이어진 차밭이 인상적이다.

성마 다원에서 갓 채엽한 찻잎. 아직 파릇파릇하고 싱싱하다.

마가렛호프 다원에서 차를 시음하는 풍경. 차를 음미하는 모습은 진지함 그 자체다.

다르질링 지방의 주요 다원

덕분에 특유의 뛰어난 향을 지닌 차를 만들어낼 수 있다.

다르질링의 차나무가 인도 아삼종이 아닌 중국종이라는 사실이 다르질링을 더욱더 다르질링답게 만드는 데 한몫을 한다. 인도에서는 자라지 못한다고 알려졌으며 실제로도 대부분 지역에서 재배에 실패한 중국종 차나무가 유일하게 다르질링 땅에서 살아남았다.

이 지역에만 약 85개의 다원이 있고, 옛날 정통방식 그대로 정성껏 차를 만든다. 다르질링은 홍차의 샴페인이라고도 불리며, 연한 오렌지빛 수색과 고급스러운 향, 특유의 떫은맛을 특징으로 한다.

수확 시기에 따라 달라지는 맛과 향을 즐긴다

다르질링에는 일 년에 세 번, 즉 봄과 여름 그리고 가을에 각각 퀄리티 시즌이 돌아오는데, 계절마다 맛과 향이 크게 차이가 난다. 3월부터 4월까지 따는 퍼스트 플러시는 그해에 가장 먼저 수확한 차를 가리킨다. 파릇파릇한 초록 잎사귀가 많아서 섬세하고 맑은 향기와 투명한 황금빛 수색을 띤다.

세컨드 플러시는 5월 하순부터 6월에 걸쳐 수확한다. 두 번째 수확인 만큼 잎이 잘 자라서, 한층 향기롭고 진해진 맛과 향을 느낄 수 있다. 이 시기에 딴 다르질링 중에 품질이 좋은 찻잎에서는 머스캣 포도처럼 풍부한 향과 무르익은 과일의 달콤함, 그리고 묵직함이 느껴진다. 수색은 아름답게 반짝거리는 진한 오렌지색이다.

7~8월의 우기가 지나가면 그해의 마지막 수확 시기가 찾아온다. 오텀널이라고 하는 가을차는 눅진한 단맛과 깊은 감칠맛이 절묘하게 조화를 이룬다. 붉은빛이 감도는 진한 수색도 특징이다.

캐슬턴 퍼스트 플러시

꽃처럼 화사한 향기가 상큼한 첫물차

Castleton First Flush

원산지	인도
수확기	3월
등급	FTGFOP1
수색	○●○○○
추출시간	5~6분

풋풋하고 싱싱한 맛의 홍차는 스트레이트 티로 마신다. 너무 무겁지 않은 케이크나 비스킷 등을 곁들여도 맛있다. 단팥을 넣은 화과자와도 잘 어울린다.

마치 들꽃에 파묻힌 듯 화사하고 싱싱한 향기가 난다. 퍼스트 플러시 특유의 신선한 맛에서는 계절감이 물씬 풍긴다. 캐슬턴 다원의 특징인 화려하고 경쾌한 떫은맛이 절묘하게 어우러진다. 스트레이트 티로 마실 때 그 맛을 충분히 느낄 수 있다.

Castleton

캐슬턴 다원

진한 향기와 깊은 맛으로 인기

다르질링 남부 쿠르세옹 철도역 가까이에 있는 다원이다. 북쪽으로는 히말라야산맥, 남쪽으로는 평야가 펼쳐진 쿠르세옹 지구에 약 250헥타르의 다원과 농장이 있다. 규모는 작지만 다르질링 안에서도 이름난 다원 가운데 하나다. 다르질링 지방의 중간 정도 높이에 있으며, 기후가 온화하여 차 만들기에 적합하다. 향긋한 맛과 뚜렷한 풍미가 있어 국내에서도 인기가 많다.

경매에서 높은 가격을 받아 단번에 유명해진 다원이기도 하다. 퀄리티 시즌의 찻잎은 특히 경쟁이 치열해서 종종 고가에 거래되며 과거 몇 차례 사상 최고가를 기록하기도 했다.

캐슬턴 문라이트 다이애나 퍼스트 플러시

시각과 미각이 모두 만족스러운 일품 홍차의 우아함

원산지 | 인도

수확기 | 3월

등급 | FTGFOP1

수색 | ●○○○○○

추출시간 | 6~7분

캐슬턴을 대표하는 고품질 찻잎이다.
꼭 스트레이트 티로 맛을 본다.

Castleton
Moonlight
Diana First
Flush

달빛(=문라이트)이 빚어내는 매우 우아한(=다이애나) 홍차다. 보름달이 뜨는 밤을 기다렸다가 그 달빛 아래에서 따온 일심이엽은 뜨거운 물을 붓자마자 아름다운 자태를 고스란히 드러낸다. 황금색 찻물에서는 은방울꽃이 연상되는 맑은 향기가 피어오른다. 입에 머금으면 과일 맛 같은 달콤함이 부드럽게 퍼지면서 차에 깊은 향미를 더한다.

캐슬턴 무스카텔 세컨드 플러시

마음껏 즐기는 머스캣 포도 향

원산지	인도
수확기	6월
등급	FTGFOP1
수색	○○●○○
추출시간	6분

나무 향과 순한 맛의 조화가 기분 좋은 차다. 쿠키, 비스킷, 스펀지케이크 등 서양식 디저트와 잘 맞아서 티타임에 안성맞춤이다.

Castleton
Muscatel
Second
Flush

달콤한 과일 향과 나무 냄새를 연상시키는 향이 잘 어우러진 찻잎이다. 머스캣 포도 향으로 대표되는 세컨드 플러시의 교과서 같은 맛이다. 마시면 마실수록 농밀하고 강렬한 향미가 매력을 더하는, 왕좌에 오를 자격이 충분한 차다. 깨끗한 오렌지빛의 수색도 아름답다.

캐슬턴 차이나 딜라이트 세컨드 플러시

빛나는 머스캣 포도 향의 매력

원산지	인도
수확기	6월
등급	FTGFOP1
수색	○○●○○
추출시간	5~6분

흠잡을 데 없는 맛으로. 조금 진하게 우려서 버터케이크 등과 함께 먹어도 맛있다.

Castleton
China
Delight
Second
Flush

달콤하고 향긋한 맛과 농익은 과일 향이 만나 그윽한 머스캣 향미를 빚어낸다. 선명하고 투명한 오렌지빛 수색이 그 매력을 더욱 돋보이게 한다. 윤기 있는 다갈색 찻잎은 세컨드 플러시다운 강렬한 인상을 풍긴다.

캐슬턴 티피 클로날 오텀널

진한 감칠맛이 개성적인 차

원산지	인도
수확기	11월
등급	FTGFOP1
수색	○○○●○
추출시간	5분

가을차의 뚜렷한 감칠맛과 떫은맛은 밤이나 견과류를 곁들여 스트레이트 티로 마시면 좋다.

Castleton
Tippy
Clonal
Autumnal

선명한 향과 감칠맛, 그리고 기분 좋은 떫은맛이 확실히 개성 넘친다. 품종 개량된 질 좋은 차나무의 찻잎으로 만든 생기 넘치는 홍차다. 퍼스트 플러시와 세컨드 플러시에 비하면 수색도 약간 또렷한 느낌이다. 오텀널이라는 이름에 걸맞게 긴 가을밤에 어울리는 차다.

투르보 티피 퍼스트 플러시

대쪽같이 올곧은 맛

Thurbo Tippy First Flush

원산지 | 인도

수확기 | 3월

등급 | FTGFOP1

수색 | ○○●○○○

추출시간 | 5~7분

흑설탕이 생각나는 묵직한 단맛은 스트레이트 티로 마실 때 진가를 발휘한다.

일반적으로 퍼스트 플러시는 풋내 나는 싱싱함이 매력이지만, 투르보의 찻잎은 마치 대나무를 쪼갠 듯한 싱그러운 향미를 특징으로 한다. 깔끔하고 강렬한 감칠맛은 시간이 지날수록 깊어지고 단맛도 진해진다. 다른 다르질링에서 경험할 수 없는 독특한 느낌의 퍼스트 플러시다.

Thurbo

투르보 다원

부드러운 단맛과 풍부한 향을 지닌 개성파

화사하고 풍부하게 퍼지는 향과 적당히 부드러운 단맛을 지녔다. 하나로 묶어 다르질링이라고 부르기는 하지만, 이 지역에만 약 85개의 다원이 있다. 그중에서도 투르보는 개성 넘치는 맛 덕분에 한 번 경험하면 누구나 애호가가 되는 곳이다.

투르보는 다르질링 서쪽, 네팔과의 접경지역에 자리한 드넓은 다원으로, 재배면적은 약 172헥타르에 달한다. 다원의 이름인 투르보에는 '치유', '구원의 땅'이라는 의미가 있다. 다원을 관리하는 훌륭한 매니저의 날카로운 감성이 살아 있는 홍차는 특히 독일, 영국, 프랑스에서 좋은 평가를 받는다.

투르보 티피 클로날 세컨드 플러시

푸른 신록이 연상되는 생명감 충만한 홍차

원산지 | 인도

수확기 | 6월

등급 | FTGFOP1

수색 | ○○●○○

추출시간 | 6분

이 차의 매력인 생생한 약동감과 나무 향을 충분히 느낄 수 있게 스트레이트로 마신다. 식어도 아주 맛있다.

Thurbo
Tippy
Clonal
Second
Flush

어린 차나무의 생명력이 고스란히 담겼다. 태양의 기운을 아낌없이 흡수하여 맛이 또렷하고 목 넘김도 좋다. 역동적이면서 섬세한 느낌을 동시에 맛볼 수 있다. 세컨드 플러시만의 상큼함을 마음껏 음미할 수 있는 홍차다.

투르보 샤이니 퍼스트 플러시

꽃의 우아함과 달빛의 섬세함이 느껴지는 맛

원산지 | 인도

수확기 | 3월

등급 | FTGFOP1

수색 | ●○○○○

추출시간 | 6~7분

핸드메이드만의 섬세한 맛은 홍차만 단독으로 마실 때에야 제대로 느낄 수 있다.

Thurbo
Shiny
First Flush

달콤한 향기가 감도는 찻잎에 뜨거운 물을 부으면 아름다운 일심이엽의 모습으로 돌아간다. 연한 황금빛 수색이 눈부신 화이트 샤이니 딜라이트(white shiny delight)는 보름달이 뜨는 밤에 조심스레 손으로 딴 찻잎이다. 꽃 또는 과일이 연상되는 우아한 인상과 섬세함이 공존하는 단아한 맛이다. 다원의 훌륭한 매니저 J. D. 라이의 손에서 탄생한 특별한 핸드메이드 차다.

투르보 티피 클로날 오텀널

또렷한 표정의 산뜻한 맛

원산지	인도
수확기	10월
등급	FTGFOP1
수색	○●○○○
추출시간	5~6분

달콤한 과자는 물론이고 중국요리에 곁들여도 매력을 발휘하는 포용력이 넓은 홍차다.

Thurbo
Tippy
Clonal
Autumnal

향기롭고 싱그럽다. 또렷하고 산뜻한 첫맛에 이어 흑당이 떠오르는 어렴풋한 단맛이 퍼지면서 오텀널의 특징을 제대로 보여준다. 가을하늘처럼 청명하고 상쾌한 맛이 꽤 매력적이다.

오카이티 퍼스트 플러시

첫물차의 순수한 이미지를 구현한다

Okayti First Flush

원산지 | 인도

수확기 | 3월

등급 | FTGFOP1

수색 | ○●○○○

추출시간 | 6분

첫물차답게 고귀하고 상쾌한 맛은 스트레이트 티로 마시면 좋다. 아침 일찍 마시는 차는 보통 진하고 자극적이지만, 이렇게 신선한 차도 잘 맞는다.

퍼스트 플러시다운 신선함과 풋풋함에 더해 포근하게 감싸주는 분위기까지 지녔다는 점이 특징이다. 한 모금 마시면 봄기운을 닮은 달콤하고 화사한 향기가 우아하게 입 안을 가득 채운다. 싱싱한 찻잎과 맑게 반짝이는 수색도 이 홍차에 기대감을 품게 한다.

Okayti ─────────

오카이티 다원

안정된 찻잎을 만드는 실력파 다원

다르질링의 수많은 다원 중에서도 다섯손가락 안에 꼽히는 초우량 다원이다. 1959년에 열린 품평회에서 영국의 엘리자베스 여왕이 홍차 맛에 감동하여 친히 극찬의 편지를 보냈다는 에피소드가 남아있다. 원래는 랑두(Rangdoo)라는 이름이었다가, 이곳의 차는 아무리 마셔도 맛이 좋은 'OK tea'라고 해서 오카이티(Okayti)가 되었다는 이야기도 있다. 이러한 일화에서도 알 수 있듯이, 오카이티 다원은 안정된 고품질의 찻잎을 생산하기 위해 열과 성을 다한다. 네팔 국경에서 가까운 지역의 해발 1,300~2,000m에 있으며, 작은 능선이 계단처럼 이어진 차밭이 펼쳐져 있다.

기다파하르 차이나 머스크 세컨드 플러시

겹겹이 쌓인 묵직한 질감의 여름차

Giddapahar China Musk Second Flush

원산지 | 인도

수확기 | 5월

등급 | SFTGFOP1

수색 | ○○●○○

추출시간 | 5~6분

시가(cigar)향에 비유할 정도로 느낌이 강렬하다. 치즈 또는 초콜릿과 함께 마셔도 맛있다.

씁쓸한 초콜릿 같은 흑갈색의 커다란 잎에서는 향긋하고 달콤한 향이 풍긴다. 수색은 약간 갈색이 도는 진한 주홍빛이다. 응축된 찻잎의 맛이 향긋한 과일 향을 잘 감싸준 덕분에, 한 모금 마실 때마다 머스캣 향의 매력이 넘실넘실 밀려와서 진한 여운을 남긴다. 기다파하르만의 묵직한 바디가 인상적인 차이나 머스크다.

Giddapahar ───────────────────────────────

기다파하르 다원

고집스럽게 품질을 추구하는 가족 경영 다원

다르질링 남부 쿠르세옹 부근의 해발 약 1,500m에 있는 작은 다원이다. 100여 명 정도가 모여서 차를 만든다. 기다파하르의 '기다(Gidda)'는 독수리, '파하르(Pahar)'는 언덕이라는 뜻이다. 예전에 이곳에서 수많은 독수리가 절벽 바위에 무리 지어 앉아 평야를 내려다보고 있었다고 해서 붙여진 이름이다.

중국종 및 중국교배종의 저목성(低木性) 차나무를 주로 재배하고, 아삼교배종 찻잎도 일부 재배한다. 다르질링 지방에서도 꽤 유명한 가족 경영 다원으로, 해가 지날수록 찻잎의 품질이 점점 더 좋아지고 있다. 특히 퍼스트 플러시는 깐깐한 재배와 엄격한 품질 관리로 전 세계에서 인정 받고 있다.

기다파하르 차이나 딜라이트 퍼스트 플러시

꽃처럼 달콤하고 싱그러운 맛

원산지	인도
수확기	4월
등급	SFTGFOP1
수색	○○●○○
추출시간	5~6분

스트레이트 티로 우려서 청명한 향기를 마음껏 음미한다.

Giddapahar
China
Delight
First Flush

선명한 녹색 찻잎 사이로 드문드문 섞인 연녹색 새싹이 보기에도 싱그럽고 신선한 인상을 준다. 뚜렷한 황금색 찻물은 꽃처럼 감미롭고 맑은 향기를 뿜으며 풋풋한 차의 맛을 우아하게 끌어올린다. 고상하고 기품이 넘치는 봄의 명품이다.

기다파하르 차이나 스페셜 오텀널

기다파하르의 가을을 대표하는 명차

원산지 | 인도

수확기 | 11월

등급 | SFTGFOP1

수색 | ○○●○○

추출시간 | 5~6분

알맞게 균형 잡힌 과일과 타닌의 향미가 잠깐의 휴식을 취할 때 마시기 제격이다.

Giddapahar
China
Special
Autumnal

흑갈색 사이사이 조금씩 보이는 초콜릿색 찻잎의 향긋하고 달콤한 향기가 차에 대한 기대감을 높인다. 맑고 투명한 주홍빛 수색은 히말라야의 공기를 떠올리게 한다. 과일 맛과 떫은 타닌 맛이 조화를 이룬 달콤하고 온화한 향미는 산뜻하고 또렷하게 퍼지면서 깊은 여운을 남긴다.

마가렛호프 퍼스트 플러시

스트레이트로 맛의 진가를 알다

Margaret's Hope First Flush

원산지 | 인도

수확기 | 3월

등급 | FTGFOP1

수색 | ○●○○○

추출시간 | 5분

순수하고 향기로운 홍차의 맛을 만끽하려면 스트레이트 티로 마신다.

마시자마자 맛있다는 생각이 드는 투명한 느낌의 차다. 맑고 화사한 맛과 기품 넘치는 향은 마가렛호프만의 개성으로, 퍼스트 플러시에 특히 뚜렷하게 드러난다.

Margaret's Hope

마가렛호프 다원

최근 인기 상승 중인 화려한 맛의 차

다르질링 지방에서는 중간 높이에 해당하는 해발 1,000~1,970m에 품질 좋은 차를 만들기로 유명한 마가렛호프 다원이 있다. 특히 최근 들어 균형 잡힌 고품질 차를 생산하면서 점점 인기가 높아지고 있다.

이 다원의 이름에는 슬픈 사연이 있다. 1930년대의 이야기다. 다원의 주인에게 마가렛이라는 딸이 있었는데, 결혼을 위해 영국으로 귀국하게 되었다. 이별의 슬픔에 젖은 마가렛은 돌아가는 배 안에서 병을 얻어 그만 세상을 떠나고 말았다. 비탄에 잠긴 아버지가 언젠가 다원으로 돌아오고 싶다던 딸의 바람을 담아 마가렛호프라고 이름 지었다고 한다. 아름다운 이름 뒤에 다원을 향한 진실한 마음이 숨겨져 있다.

마가렛호프 무스카텔 세컨드 플러시

부드러운 단맛이 화려하게 펼쳐진다

원산지 | 인도

수확기 | 6월

등급 | SFTGFOP1

수색 | ○○●○○

추출시간 | 6분

한 모금 마시자마자 퍼지는 달콤하고 화려한 향은 스트레이트 티로 마실 때 더욱 빛난다.

Margaret's Hope Muscatel Second Flush

마치 꿀을 넣은 듯한 달콤함이 입 안 가득 퍼지면서 행복한 기분을 선사하는 차다. 생생한 머스캣 향과 안정적인 바디감이 느껴지는 한편, 입 안에 퍼지는 맛은 마지막까지 고상하고 섬세하다. 밝고 투명한 오렌지빛 수색의 품격 넘치는 홍차다.

마가렛호프 카호 딜라이트 퍼스트 플러시

온화한 향기와 야성적인 강렬함

원산지 | 인도

수확기 | 3월

등급 | FTGFOP1

수색 | ○●○○○

추출시간 | 6~7분

손으로 빚어낸 섬세한 맛을 제대로 감상하려면 꼭 스트레이트 티로 마신다.

Margaret's Hope Kaho Delight First Flush

다원 한쪽의 해발 1,200m 지대에서 재배한 찻잎을 사용한다. 한 개의 새싹과 두 개의 어린잎이 지닌 풋풋하고 에너지 넘치는 향미를 고이 담은 귀한 홍차다. 황금색 찻잎에서는 달콤하고 순하면서도 어린 잎사귀의 씩씩함이 느껴지는 향기가 감돈다. 신선한 과일처럼 싱싱하고 풋풋한 맛은 마실수록 활기를 더해준다.

마가렛호프 차이나 스페셜 오텀널

고요함과 평온함이 깃든 맛

원산지 | 인도

수확기 | 11월

등급 | FTGFOP1

수색 | ○○●○○

추출시간 | 6분

가을차 특유의 달콤함과 묵직함이 휴식 시간을 더욱 편안하게 만들어준다. 향이 풍부한 마가렛호프는 스트레이트 티로 마셔야 맛있고 이 오텀널 홍차도 예외는 아니지만, 잘 스며드는 향을 지니고 있어서 디저트를 곁들여 마셔도 괜찮다.

Margaret's
Hope
China
Special
Autumnal

상쾌한 단맛과 적당한 수렴성(차를 마시고 난 후 입이 마르는 듯한 느낌)이 있는 맛이다. 오텀널답게 차분히 가라앉은 향과 청아하고 기품 넘치는 향미는 오직 마가렛호프에서만 만날 수 있다. 엄선한 중국종 차나무에서 수확하여 맛이 깊은 홍차다.

성마 차이나 플라워리 퍼스트 플러시

유명 다원의 매력을 충분히 맛볼 수 있는 봄차

Sungma China Flowery First Flush

원산지 | 인도

수확기 | 3월

등급 | SFTGFOP1

수색 | ○●○○○

추출시간 | 6~7분

달콤한 향과 깨끗한 맛은 오후의 우아한 티타임에 잘 어울린다.

잘 비벼진 진녹색 찻잎에 섞인 은녹색 새싹이 보기에도 상쾌한 봄차다. 반짝이는 연주황색 찻물에서는 은방울꽃이 생각나는 감미로운 향이 퍼진다. 어린잎이 지닌 깨끗한 맛과 절묘하게 조화를 이루어 고상하고 우아한 느낌을 자아낸다. 전 세계가 주목하는 성마 다원의 매력을 제대로 실감할 수 있는 퍼스트 플러시다.

Sungma

성마 다원

맑은 홍차를 생산하는 평화로운 다원

다르질링 지역의 수많은 다원 중에서도 최상위급 찻잎을 생산하는 성마 다원은 렁봉 밸리(Rungbong Valley)의 해발 1,420~2,360m 높이에 위치해 있다. 2만 8천여 헥타르의 대지에서 연간 약 65톤의 차를 생산한다. 스위스의 IMO,* 일본의 JAS 규격**인증을 받은 유기농 다원이기도 하다.

　성마 맞은편 봉우리에 자리한 셀림봉, 차몽, 시요크 다원이 한눈에 들어와서 마치 홍차 천국에 온 듯하다. 파란 하늘과 대비를 이룬 푸른 다원의 아름다운 모습은 맑고 상쾌한 찻잎처럼 평화롭고 순수한 느낌을 준다.

---

* 스위스 국제 유기농인증협회(Institute of Marketecology Organization)
  https://www.ecocert-imo.ch/logicio/pmws/indexDOM.php?client_id=imo&page_id=home&lang_iso639=en
** 일본농림규격(Japanese Agricultural Standard) https://www.maff.go.jp/e/policies/standard/jas/

성마 클래식 세컨드 플러시

시원시원한 어른의 맛

원산지 | 인도

수확기 | 6월

등급 | SFTGFOP1

수색 | ○○●○○

추출시간 | 5~6분

기본기가 탄탄하고 시원시원한 맛
이 있다. 우선 스트레이트 티로 찬
찬히 음미해 볼 것을 추천한다.

Sungma Classic Second Flush

입에 머금는 순간 투명하고 시원한 향이 퍼지는 상쾌한 세컨드 플러시로, 시각적으로도 깨끗한 인상을 준다.
완숙과일 같은 풍부한 질감이 특징이다. 홍차의 선명한 떫은맛과 단맛이 조화를 이룬 클래식한 차다.

성마 차이나 클로날 오텀널

단맛과 떫은맛이 절묘하게 어우러진 우아한 홍차

원산지	인도
수확기	10월 말
등급	SFTGFOP1
수색	○○●○○
추출시간	6분

맛이 천천히 퍼지는 홍차는 단맛이 적은 디저트류와 어울린다. 케이크나 비스킷 등이 안성맞춤이다.

Sungma China Clonal Autumnal

클로날(Clonal)이란 꺾꽂이를 통해 개량한 나무를 가리킨다. 즉 품종 개량된 찻잎이란 뜻으로, 신선한 과일처럼 풋풋한 단맛이 나는 특징이 있다. 그러나 성마의 오텀널에서는 이 달콤함이 원숙하고 우아한 느낌으로 바뀌고, 은은한 떫은맛은 상쾌한 분위기를 자아낸다. 첫 모금을 마실 때는 아무런 감흥이 느껴지지 않지만, 마시는 동안 그 맛이 천천히 혀에 스며드는 홍차다.

투르줌 유메코 바리 오텀널

온화함과 화려함을 겸비한 차

Turzum Yumeko Bari Autumnal

원산지	인도
수확기	10월
등급	SFTGFOP1
수색	○●○○○
추출시간	6~7분

생기 넘치는 화려한 맛이 기운을 북돋워 준다. 스트레이트 티로 마신다.

유메코 바리는 2002년 성마 투르줌 다원 한쪽에 조성된 구역이다. 큼지막한 초콜릿색 찻잎은 잘 꼬여 있으며, 끈적거리는 꿀처럼 달콤하고 구수한 향이 느껴진다. 로지 브라운 빛깔의 차에서는 부케처럼 화사한 향기가 피어오른다. 골격이 탄탄하고 깊이가 있는 향미는 마실 때마다 만족감을 준다.

Sungma Turzum

성마 투르줌 다원

질 좋은 클로날종 찻잎으로 애호가를 사로잡는다

성마 다원은 다르질링 서부 렁봉 밸리의 해발 1,420~2,360m 높이에 위치하며 정성을 다해 차를 생산하는 훌륭한 다원으로 꼽는다. 성마 다원에서는 구획을 나누어 중국교배종과 클로날종을 재배하고 있다. 이 다원 내의 투르줌 지구에서 클로날종만 전담하는데 이곳이 바로 성마 투르줌 다원이다. 다시 말해 투르줌 다원의 이름이 붙은 찻잎은 성마에서 생산한 클로날종이라는 뜻이 된다.

향기 좋은 우량 품종으로 깐깐하게 만드는 찻잎은 봄차인 퍼스트 플러시, 여름차인 세컨드 플러시, 그리고 가을차인 오텀널까지 전부 세계적으로 높은 평가를 받고 있다.

투르줌 요호 바리

최고품질의 중국교배종이 탄생시킨 좋은 차

원산지	인도
수확기	6월
등급	SFTGFOP1
수색	○○●○○
추출시간	6~7분

연한 민트 계열의 아로마는 향이 강한 디저트와 잘 어울린다. 신선한 허브 잎을 띄워 마셔도 맛있다.

Turzum
Yoho Bari

다원 한쪽의 요호 바리 구역에서 재배된 찻잎은 독특한 향기로 매년 홍차 애호가를 매료시킨다. 큼직한 흑갈색 찻잎에 흰 새싹이 조금씩 섞여 있고, 아름다운 로지 브라운 찻물에서는 구수하면서 달콤한 향이 감돈다. 한 모금 마시면 잘 익은 과일을 베어 문 듯 강렬한 맛이 입 안에 퍼진다. 이러한 특징은 세컨드 플러시, 오텀널의 한정된 시기에 두드러진다.

셀림봉 세컨드 플러시

포근하게 감싸 안아주는 향기

원산지 | 인도

수확기 | 6월

등급 | FTGFOP1

수색 | ○○●○○

추출시간 | 6분

포용력 있는 포근한 맛은 달콤한 간식은 물론이고 식사에도 곁들여 맛있게 마실 수 있다.

Selimbong
Second
Flush

수색은 아름답고 투명하다. 화려한 맛은 아니지만 신뢰감이 느껴지는 홍차다. 마시면 마실수록 온몸에 촉촉하게 스며드는 맛이 목을 타고 매끄럽게 넘어간다. 부드럽고 포근한 향기도 전혀 자극적이지 않고 은은하게 퍼진다. 무난한 맛이 특징인 셀림봉의 명품을 경험해 볼 수 있다.

셀림봉 녹차

맑고 투명한 일본 녹차와 비슷한 차

Selimbong Green Tea

원산지 | 인도

수확기 | 4월

수색 | ●○○○○

추출시간 | 2분

화과자와 먹으면 가장 맛있다. 특히
단팥을 넣은 찹쌀떡을 추천한다.

셀림봉 다원의 녹차는 일본의 녹차와 다른 듯 닮았다. 수작업으로 만들어 다르질링만의 깊은 맛과 감칠맛이
나면서 한편으로는 순수한 맛이 느껴진다. 또한, 일본의 햇차처럼 생기발랄하다. 소금에 절인 벚나무 잎이 연
상되는 향미도 흥미로운 차다.

Selimbong

셀림봉 다원

세계적으로 명성이 자자한 유기농 다원

셀림봉 다원은 다르질링 중심지에서 차로 약 2시간을 달려간 렁봉 밸리의 험준한
산비탈, 해발 1,600~2,000m 높이에 자리하고 있다. 1866년에 문을 연 유서 깊은
이곳은 현재는 바이오다이내믹농법(Bio dynamic agriculture)이라고 부르는 유기 재
배를 실천하는 보기 드문 다원으로 널리 알려졌다. 바이오다이내믹농법이란 농약
이나 화학비료를 일절 사용하지 않으며, 토양을 살찌우는 자연 유래 비료만 사용
하고 자연의 주기에 맞춰서 재배하는, 자연환경을 가장 우선하는 농법이다.

　이렇게 자연을 배려하면서 차를 만드는 덕분인지 셀림봉 다원의 차에서는 포근
하게 감싸주는 온화한 맛이 느껴진다.

푸타봉 문드롭 퍼스트 플러시

매끄럽고 촉촉한 봄차

Puttabong Moon Drop First Flush

원산지 | 인도

수확기 | 3월

등급 | SFTGFOP1

수색 | ○●○○○

추출시간 | 6~7분

심플하게 스트레이트 티로 마셔보기를 권한다.

가늘고 길게 꼰 은녹색 찻잎은 손으로 정성껏 비벼 만든다. 차에서는 달콤하고 푸릇한 향기가 피어오르고, 또렷한 오렌지빛 수색도 아름답다. 사랑스러운 작은 꽃이 연상되는 달콤하고 은은한 향이 차가 지닌 깊은 맛을 부드럽게 감싸준다. 푸타봉 다원에서 이른 봄에만 나오는 귀한 홍차다.

Puttabong

푸타봉 다원

다르질링에 깊이 뿌리내린 대규모 다원

장대한 칸첸중가산을 품고 있는 히말라야산맥을 배경으로, 웨스트 밸리(West Valley)의 해발 470~2,560m에 자리하고 있다. 1852년에 창업한, 다르질링 안에서 가장 오랜 역사를 지닌 대규모 다원이다. 푸타봉(Puttabong)은 현지 말로 '잎이 무성하게 우거진 곳'이라는 뜻이다. 다르질링 지역을 통틀어 다원 안에서 일하는 세대수가 가장 많으며 재배면적은 약 436헥타르, 연간 생산량은 270톤에 달한다.

　　동쪽과 북쪽을 향한 산비탈에 자리 잡은 다원 내의 고도차는 최대 1,500m 정도다. 고지대에서는 중국교배종을, 저지대에서는 아삼교배종과 클로날종을 재배한다. 또한, 유기농 다원으로서 일본 JAS 규격과 스위스의 IMO 인증을 받았다.

리시햇 차이나 플라워리 퍼스트 플러시

만병초를 닮은 청아한 향기

원산지 | 인도

수확기 | 2월

등급 | SFTGFOP1

수색 | ●○○○○○

추출시간 | 6~7분

우아한 향기와 샴페인 골드빛 수색이 아침 티타임에도 잘 어울릴 만큼 상쾌하다.

Risheehat
China
Flowery
First Flush

보기만 해도 싱그러운 은녹색 찻잎은 마치 봄이 왔음을 알려주는 듯하다. 끓는 물을 부으면 일심이엽이 아름답게 펼쳐지면서 투명한 샴페인 골드의 수색으로 변한다. 찻물에서 피어오르는 만병초 꽃처럼 청아하고 우아한 향기가 기분을 상쾌하게 해준다. 한 모금 마시면 금방 딴 과일처럼 은은한 단맛이 진한 매력을 발산한다.

리시햇 와이어리 세컨드 플러시

포근하고 부드러운 홍차

Risheehat Wiry Second Flush

원산지 | 인도

수확기 | 6월

등급 | SFTGFOP1

수색 | ○○●○○

추출시간 | 6분

맛과 향이 부드러워 스트레이트 티로 마시면 좋다. 시간이 지나도 향미가 사라지지 않아서 맛있게 마실수 있다.

와이어리는 '철사 같은'이라는 뜻이다. 침엽수처럼 가늘게 꼰 찻잎은 한눈에 봐도 예쁘다. 화사한 향이 확 풍기지만 너무 진하지 않고 적당해서 아주 시원한 인상을 준다. 개성이 있으면서도 모난 데 없이 부드럽고 섬세한 맛이다. 상당히 순한 홍차다.

Risheehat

리시햇 다원

정성껏 차를 만드는 평화로운 다원

리시햇(Risheehat)은 벵골어로 '평온하고 평화로운 곳'을 의미한다. 이름 그대로 굉장히 온화하고 차분한 맛의 홍차를 생산한다.

리시햇 다원은 다르질링 이스트 밸리(East Valley) 해발 980~2,050m 높이에 위치하며, 동서남북 네 방향으로 두루 펼쳐져 있다. 특히 동향 구역은 일조시간이 길어서 다른 곳보다 이르게 퀄리티 시즌을 맞이한다. 다원 양쪽으로 하천이 흘러 지리적 조건도 좋다. 이렇게 축복받은 환경에서 유기농법으로 재배하며 위생관리도 철저하다. 차를 만드는 모든 공정에 정성을 다하는 모습에서 이 일에 종사하는 사람의 자부심이 느껴진다.

리자힐 비르 싱 바리 클로날

만족감 높은 한정 생산 스페셜 티

Liza Hill Bir Singh Bari Clonal

원산지 | 인도

수확기 | 4월

등급 | SFTGFOP1

수색 | ○●○○○

추출시간 | 5~6분

귀하고 특별한 차는 맛과 향을 제대로 감상하기 좋은 스트레이트 티로 마신다.

생명력 넘치는 어린 차나무 구역에서 조심스럽게 채엽해 만든 특별한 차다. 찻잎 안에 솜털이 보송보송한 새싹 실버팁이 잔뜩 들어있다. 끓는 물을 부으면 어린 풀처럼 풋풋한 향이 한꺼번에 피어올랐다가 시간이 지나면서 농익은 과일 같은 달콤한 향미로 바뀐다. 마신 뒤에도 긴 여운을 남기는 잔향은 마치 대지의 축복을 듬뿍 받는 기분을 느끼게 한다.

Liza Hill

리자힐 다원

소량 생산하는 양질의 클로날종으로 유명

다르질링 이스트 밸리의 해발 880~1,580m 높이에 있는 다원으로 1870년 설립되었다. 개척 이주민이자 엔지니어였던 영국인 지주의 딸 이름 'Liza'에서 따왔다고 한다. 원래는 리시햇 다원의 한쪽 구역이었다가 나중에 클로날종을 재배하는 다원으로 독립했다.

1968년에 이곳을 덮친 산사태로 제다공장의 절반이 무너졌다. 그 후로는 공장을 짓지 않고 리시햇 다원의 공장에서 제다작업을 하고 있다. 2010년부터 바이오오가닉농법을 도입하여 스위스의 IMO와 일본의 JAS 인증을 받은 유기농 다원이 되었다.

시요크 세컨드 플러시

유기농 차에서만 느낄 수 있는 온화함

원산지	인도
수확기	6월
등급	FTGFOP1
수색	○○●○○
추출시간	6분

식으면 향기가 사라지므로 따뜻할 때 마시는 것이 가장 좋다. 한 숟가락 정도 우유를 넣어도 맛있다.

Seeyok
Second
Flush

감귤류 향과 은은한 단맛, 그리고 주홍빛 수색이 아름다운 차다. 적당히 구수한 향기가 오렌지 과즙처럼 신선한 맛에 포인트가 되어준다. 입 안에 떫은맛이 살짝 남았다가 곧 사라진다. 유기농 찻잎답게 온화하고 안정적인 향미의 홍차다.

시요크 드래건 클로우 오텀널

중국 분위기 물씬 풍기는 반산화차

Seeyok Dragon Clow Autumnal

원산지 | 인도

수확기 | 11월

수색 | ○○●○○

추출시간 | 6~7분

중국차처럼 부드러운 맛은 중국 과자나 말린 과일과 잘 어울린다.

중국차에서 아이디어를 얻어 만든 반산화차다. 찻잎 모양이 마치 용의 발톱처럼 보인다고 해서 드래건 클로우라는 이름이 붙여졌다. 칠흑처럼 검은 찻잎 사이사이 흰 실 같은 새싹이 감겨 있다. 단맛과 감칠맛이 어우러진 가운데 느껴지는 쌉싸래함이 뚜렷한 인상을 남기며 맛을 완성한다. 입에 머금으면 풋풋한 꽃향기가 퍼진다.

Seeyok

시요크 다원

부드러운 자연의 맛이 매력적

인도와 네팔 접경지역인 미릭 밸리(Mirik Valley)의 해발 1,100~1,800m 산비탈에 있는 다원이다. 이 일대는 렁봉 밸리 사이에 낀 지역으로 셀림봉, 성마 등의 다원도 이곳에 모여 있다. 품질 좋은 홍차 산지로 유명하다.

　　시요크 다원의 가장 큰 특징은 오가닉 제품에 관심이 많아서 유기농 재배를 도입했다는 점이다. 스위스와 일본 등의 엄격한 인증기관에서도 인정을 받았다. 화학비료를 전혀 사용하지 않으면 그만큼 손이 더 가지만, 자연을 보호하면서 맛있는 홍차를 생산하겠다는 자세가 높은 평가를 받고 있다. 화려함은 없어도 자연스러운 맛에서 깊이가 느껴진다.

굼티 퍼스트 플러시

자연의 생명력이 느껴지는 싱그러운 맛

Goomtee First Flush

원산지 | 인도

수확기 | 5월

등급 | FTGFOP1

수색 | ○●○○○

추출시간 | 5~6분

상쾌하고 풋풋해서 가벼운 비스킷
이나 과일 케이크와 잘 어울린다.

반짝거리는 선명한 녹색 찻잎이 군데군데 섞여 있어 마치 에메랄드 원석이 박혀있는 듯하다. 맑은 황금색 찻
물에서는 봄차에서만 느껴지는 더없이 상쾌한 향이 피어오른다. 굼티 다원의 특징인 순하고 온화한 맛 뒤로
싱그러운 초목의 여운이 이어지는 푸릇푸릇한 퍼스트 플러시다.

Goomtee

굼티 다원

독특한 단맛을 지닌 인상적인 향미로 인기

다르질링 남부 쿠르세옹 지구의 해발 900~1,800m에 있는 다원이다. 차밭은 대부분 북쪽을 향해 있고 일부가
남동향이다. 주로 중국교배종을, 일부에서 아삼교배종을 재배한다.

　1956년에 문을 열어 현재 3대째 경영 중이며, 오래된 다원이 많은 다르질링 지역에서는 비교적 신흥 다원
에 속한다. 이 지역의 전통적인 제다법을 소중히 계승하는 한편, 새로운 제조법도 적극적으로 도입하고 있다.
ISO9001(품질관리 및 품질보증을 위한 국제 표준)과 HACCP(식품 안전관리인증기준) 인증 및 검사를 받고 차를
생산한다. 인근에 모한 마주아(Mohan Majhua)와 나르바다 마주아(Narbada Majhua)라는 두 개의 다원을 더 소유
하고 있는데, 이곳에는 공장이 없어서 생엽의 제다 작업은 굼티 다원에서 한다.

싱불리 클로날 원더 퍼스트 플러시

섬세한 맛과 깊은 여운을 즐긴다

Singbulli Clonal Wonder First Flush

원산지 | 인도

수확기 | 1월

등급 | SFTGFOP1

수색 | ○●○○○

추출시간 | 6~7분

기본 방식대로 우려서 스트레이트로 마시거나, 약간 진하게 우려서 간단한 식사에 곁들이거나, 마음 가는 대로 마시기 좋은 차다.

은빛으로 반짝이는 새순이 은녹색 찻잎과 어우러진, 섬세하고 아름다운 첫물차다. 수색은 옅은 황금색이고 협죽도처럼 달콤한 향이 난다. 고상하고 부드러운 향미는 마실 때마다 차의 상쾌한 기운을 선명하게 퍼뜨리면서 깊은 여운으로 이끈다. 오래 우릴수록 맛이 더 깊어져서 여러 방식으로 맛을 즐길 수 있다.

Singbulli

싱불리 다원

풍부한 경험을 바탕으로 고품질 찻잎을 생산하는 인기 다원

다르질링 남서부 미릭 밸리의 해발 1,500m에 자리한 다원이다. 약 473헥타르의 광대한 재배면적을 자랑하는 대규모 다원으로 대부분 남서향이다. 다원은 세 구역으로 나뉜다. 그중 팅링 지구에서 재배하는 찻잎은 다르질링에서 생산하는 차 중에서도 특히 품질 좋은 홍차라는 평을 듣는다. 싱불리 다원에서 차 생산을 총괄하는 담당자는 성마 다원의 훌륭한 매니저 밑에서 실력을 갈고닦은 인물이다. 그에 대한 입소문을 접한 홍차 애호가를 중심으로 인기가 많아지면서 순식간에 품절되는 일까지 있을 정도다.

　차나무의 75%가 중국종, 나머지가 클로날종이다. 유기농 다원으로 일본의 JSA와 스위스의 IMO, 독일 나투르란트(Naturland) 인증을 받았다.

차몽 퍼스트 플러시

마시고 난 뒤에도 지속되는 행복한 기분

Chamong First Flush

원산지 | 인도

수확기 | 4월

등급 | FTGFOP1

수색 | ○○●○○○

추출시간 | 6분

스트레이트 티로 마시면 풍부한 맛과 향을 만끽할 수 있다. 티 푸드로는 묵직한 파운드케이크나 화과자가 잘 어울린다.

순수 중국종 차나무가 지닌 부드럽고 섬세한 꽃향기와 신선한 과일 향의 달콤한 하모니가 인상적인 차다. 비강을 타고 올라오는 향미, 혀에 감기는 단맛이 바로 차몽의 개성이다. 퍼스트 플러시의 매력에 깊은 맛이 더해지면서, 마시면 마실수록 퍼지는 우아한 향미가 짙은 여운을 선사한다.

Chamong ————————————————

차몽 다원

부드러운 단맛과 복숭아향이 특징

차몽 다원은 네팔 국경에서 가까운 다르질링 서부 렁봉 밸리의 해발 1,550~2,360m 높이에 자리하고 있다. 1880년경 시작해 130년이 넘는 오랜 역사를 자랑하는 다원이며, 연간 약 100톤가량의 홍차를 생산한다. 스위스의 IMO 인증을 받은 유기농 다원으로, 1996년부터 유기 재배를 시작했다. 새로운 방식이 완전히 자리 잡은 1999년 이후에 생산된 찻잎이 높은 평가를 받고 있다.

중국종 차나무를 재배하며, 농익은 과일처럼 달고 부드러운 향기는 독일을 비롯한 유럽에서 인기가 많다. 차몽(Chamong)이라는 이름은 다원 안에 사는 차무(Chamoo)라는 새의 이름에서 유래했다고 한다. 이 새의 지저귐처럼 아름다운 맛을 지닌 좋은 차다.

바네스베그 퍼스트 플러시

정성껏 만들어 희소가치가 높은 유기농 차

Barnesbeg First Flush

원산지 | 인도

수확기 | 3월

등급 | FTGFOP1

수색 | ○●○○○

추출시간 | 6~7분

우아하고 섬세한 퍼스트 플러시는
꼭 스트레이트 티로 마시도록 한다.
쇼트케이크와도 잘 맞는다.

녹색을 띤 어린잎에 큼지막한 은빛 싹이 섞여 있어 보기에도
역동적이고 아름다운 봄차다. 샴페인골드빛 찻물에서 피어
오르는 향기는 달콤하고 우아한 매력으로 가득하다. 풋풋한
맛 사이로 은은한 감귤계 과일의 상쾌한 단맛이 잘 녹아들어
서 청량하고 맑은 인상을 준다.

Barnesbeg

바네스베그 다원

소규모지만 고상하고 섬세한 차를 생산

웅대한 칸첸중가산에서 그리 멀지 않은 레봉 밸리(Lebong Valley)에 펼쳐진 다원이다. 다르질링에 있는 다원
중에서는 비교적 저지대인 해발 300~1,260m에 위치하며, 약 130헥타르의 재배면적 대부분은 북향 및 북서
향이다. 계곡 기슭으로 리틀란지트 강이 흘러 그림처럼 아름다운 경관을 자랑한다. 1877년에 크리스틴 반즈
(Christine Barnes)가 설립하여 통칭 '반즈의 정원'으로 불리다가 현재의 이름이 되었다고 한다.

온화한 기후조건 속에서 주로 아삼교배종의 저목성 차나무를 재배하고 클로날종도 일부 재배한다. 두 가지
제조방식을 이용하여 홍차와 녹차를 모두 생산하며 녹차도 인기가 많다. 스위스 IMO 인증을 받은 유기농 다
원이다.

바네스베그 클로날 티피 오텀널

히말라야의 자연이 키운 온화한 단맛

원산지 | 인도

수확기 | 10월

등급 | FTGFOP1

수색 | ○●○○○

추출시간 | 6~7분

약한 단맛은 무화과나 건포도 같은
과일과도 잘 어울린다.

Barnesbeg
Clonal Tippy
Autumnal

차나무에서 딴 일심이엽의 형태가 남아있는 초록빛의 아름다운 찻잎이다. 고원에 자라는 풀처럼 부드러운 향
과 온화한 단맛이 또렷하게 퍼지는 섬세한 향미를 지녔다. 반짝이는 오렌지빛 수색도 아름답고 기품이 넘친
다. 가을의 히말라야가 선사하는 특별한 차다.

푸구리 티피 클로날 세컨드 플러시

특유의 역동감 넘치는 향미가 특징

Phuguri Tippy Clonal Second Flush

원산지 | 인도

수확기 | 6월

등급 | FTGFOP1

수색 | ○○●○○

추출시간 | 5~6분

깔끔한 맛의 홍차는 스트레이트 티로 마신다. 곁들이는 음식 없이 단독으로 마시는 편이 더 맛있다.

포근하게 감싸주는 화사한 향과는 전혀 다른 개성 있는 맛이다. 세컨드 플러시답게 감귤류 향이 나기는 하지만 포인트 역할을 하는 정도다. 기본기가 탄탄하면서도 너무 튀지 않는 균형 잡힌 홍차다. 묵직한 감칠맛과 진한 단맛이 특징으로 입 안에서 매끄럽게 스며든다.

Phuguri

푸구리 다원

탁월한 품종개량으로 이름을 떨친 다원

네팔 국경과 가까운 다르질링 남서부의 미릭 밸리에 위치한 푸구리 다원은 해발 1,070~1,830m의 동쪽 급경사면에 펼쳐져 있다. 배수가 잘되고 깨끗한 우물이 많은 곳이다. 땅에 충분한 수분이 끊임없이 공급되기 때문에 상상을 초월할 정도의 짙은 안개가 피어오른다. 넓은 다원 전체가 안개에 완전히 뒤덮이는 일도 잦다. 그리고 이 안개가 맛있는 홍차를 만드는 데 결정적인 역할을 한다.

클로날은 우량한 차나무만을 골라 꺾꽂이한 나무에서 채엽한 찻잎을 일컫는 말이다. 푸구리의 차는 탁월한 품종개량으로 유명해서 '클로날'이라고 표기된 상품이 많다.

발라순 차이나 머스크 세컨드 플러시

농익은 과일 같은 독특한 달콤함

Balasun China Musk Second Flush

원산지 | 인도

수확기 | 6월

등급 | FTGFOP1

수색 | ○○○●●○

추출시간 | 6~7분

맛이 깊어서 버터를 듬뿍 넣은 묵직한 구움과자가 잘 어울린다.

큼직하고 진한 흑갈색 찻잎 사이로 드문드문 보이는 새싹이 금빛으로 빛난다. 끓는 물을 부으면 짙은 브랜디 컬러의 수색이 우러나면서 달콤하고 묵직한 향기가 화려하게 피어오른다. 수북이 쌓인 과일이 연상되는, 농익은 단맛을 동반한 향기로운 머스캣 향이 강렬하다. 마실 때마다 중후한 맛이 겹겹이 쌓여 다 마시고 난 뒤에도 깊은 여운이 남는다.

Balasun ―――――――――――――――――――――――――――

발라순 다원

전통 제다법과 최신 기술의 융합

다르질링 남부 쿠르세옹 노스 밸리(North Valley)의 완만한 경사면과 광대한 계곡 사이에 펼쳐진 다원이다. 높이는 해발 365~1,375m로 대부분이 서향이고 일부가 북향이다. 발라순(Balasun)은 네팔어로 '금모래의 강'이라는 뜻이며, 다원을 따라 발라순 강이 흐르고 있다. 주로 중국교배종 찻잎을 재배하고 아삼교배종과 클로날종도 일부에서 재배한다.

발라순 다원은 1871년에 문을 열었다. 그 후 대기업의 투자를 받아 다원과 기반시설을 전면적으로 개선하고, 노동자들의 복리 향상, 사무실과 주택 리모델링, 기후 보호를 위한 계획적인 식재 관리에 노력하고 있다. 최신 기기를 도입하는 등 시설 업그레이드를 통해 고품질 찻잎을 제공한다.

고팔다라 클로날 우롱 퍼스트 플러시

우롱차를 닮은 개성파

Gopaldhara Clonal Oolong First Flush

원산지 | 인도

수확기 | 4월

등급 | FOP1

수색 | ●○○○○

추출시간 | 6분

느긋하게 쉬고 싶을 때 안성맞춤이다. 중국 디저트나 화과자 등을 곁들여서 여유 있는 시간을 즐긴다.

클로날종 찻잎의 일심이엽을 그대로 간직한 부분 산화차다. 대만의 품질 좋은 우롱차와 비슷한 매혹적인 향미가 느껴진다. 차를 따르면 감귤계 과일 같은 상큼하고 달콤한 향기가 피어오른다. 다르질링만의 섬세한 향미와 꿀처럼 진득한 달콤함이 느껴지는 깊은 맛의 차다.

Gopaldhara ─────────────────────

고팔다라 다원

신성한 이름을 지닌 다원의 차가 빚어내는 최고의 밸런스

'고팔(Gapal)'이란 힌두 신화에 등장하는 신의 아들 이름이고, '다라(Dhara)'는 맑고 신선한 샘물을 뜻한다. 이 신성한 이름의 다원은 다르질링 서부 렁봉 밸리 해발 1,170~2,400m 높이의 가파른 산비탈에 위치해 있다. 평균 고도가 2,000m 이상으로 다르질링 안의 다원 중에서도 고지대에 자리한 편이다. 고지대라는 최고의 입지 조건, 그리고 이 땅을 뒤덮는 자욱한 안개가 빚어내는 홍차는 단맛과 감칠맛이 절묘한 조화를 이룬다. 고팔다라 차의 매력은 깊고 풍부한 맛에 있다.

다원의 면적은 약 130헥타르, 차나무는 평균적으로 질 좋은 찻잎을 생산할 수 있는 클로날종이다. 이곳에서만 10만 그루 이상의 클로날종 차나무를 재배하고 있다.

푸심빙 퍼스트 플러시

감미롭고 풋풋한 상쾌함

Pussimbing First Flush

원산지 | 인도

수확기 | 3월

등급 | FTGFOP1

수색 | ○○●○○○

추출시간 | 6~7분

오래 우리면 샌드위치 등의 가벼운 식사에도 어울리는 뚜렷한 맛으로 변한다.

봄차인 푸심빙 퍼스트 플러시는 중국종 특유의 섬세함과 기품이 한데 어우러진, 인도의 자연이 주는 선물 같은 차다. 특히 그해의 첫물차인 EX-1(이엑스원)에는 어린잎들 사이로 은빛 싹이 드문드문 섞여 있고, 봄 햇살을 듬뿍 받은 찻잎에서는 꽃처럼 은은한 향기가 뿜어져 나온다. 수색은 연한 오렌지빛을 띤다. 감미로운 단맛 안에 톡 쏘는 풋풋함이 느껴진다.

Pussimbing

푸심빙 다원

자연과의 공존을 원칙으로 품질을 추구

다르질링 이스트 밸리 해발 1,700~2,560m 높이에 자리하고 있으며, 연간 100톤의 생산량을 자랑하는 대규모 다원이다. 대부분 동쪽을 향해 있고 일부는 남향이다. 푸심빙(Pussimbing)은 렙차어*로 '풍요로운 자연의 흐름'이라는 뜻이다. 다원을 거닐다 보면 두 곳의 맑은 하천을 비롯하여 작은 시내 몇 개와 폭포를 볼 수 있다. 중국교배종과 아삼교배종 저목성 차나무를 거의 같은 면적에서 유기농으로 재배한다.

　이 지역의 주민은 대부분 네팔인으로, 가족이 모두 다원 안에서 일하는 경우도 흔한 편이다. 품질과 안전성을 확보하기 위해 최신 제다 기계를 도입했다. 또한, 수력 발전으로 동력을 얻음으로써 화석연료의 사용을 줄이고 환경오염을 최소화 하기 위한 노력도 하고 있다.

* 히말라야 동부의 시킴 지방을 중심으로 서부탄, 동네팔, 서벵골주의 다르질링 등에서 사용되는 언어.

화려한 앤티크의 세계

맛과 향 그리고 오랜 역사까지, 홍차의 세계는 참으로 심오하다. 일단 발을 들이고 나면 찻잎만큼이나 특별한 것을 추구하게 되는 분야가 바로 홍차 도구다. 그리하여 마음에 드는 물건을 찾아다니다 보면 마지막에는 앤티크에 이르게 된다. 우아하고 화려한 앤티크의 세계를 들여다보자.

포르투갈제 사모바르.*
쟁반의 긴지름이 86cm로 상당히 크다.

아름다운 그림과
디자인에
탄성이 터진다

1930년대 영국 로열우스터의 티 세트. 과일 정물 시리즈라고 불리며, 보고 또 봐도 질리지 않는 아름다운 그림이다.

1844년 프랑스 세브르요의 제품. 진한 감색과 금색 테두리. 정밀한 그림의 앙상블이 아름답다.

대량생산이 주류인 현대 사회에서는 좀처럼 보기 어려워진 핸드페인팅 특유의 아름다운 그림과 화려한 디자인이 앤티크의 매력이다. 이른바 세상에 하나밖에 없는 물건이라는 특별함이 있다. 홍차 도구에 탐닉하기 시작하면 아무래도 자기만의 특별한 무언가를 갖고 싶게 마련이다. 앤티크로 마음이 향하는 것도 이런 이유에서다. 앤티크 제품 중에서 찻잔은 비교적 구하기 쉬운 편이다. 먼저 마음에 드는 1인용 찻잔을 찾는 일부터 시작해본다.

* 금속 재질의 물을 끓이는 기구.

Antiques

상당히 귀한 마이센의 앤티크 제품. 당시 한 귀족이 가문의 문장을 넣어 특별히 주문한 것이다.

19세기 말엽 제작된, 올드 비엔나(Old Vienna)로 불리는 찻잔. 금색 바탕에 핸드페인팅으로 그림이 그려져 있다.

짙은 감색에 금색으로 장식을 넣은 베네치아 제품. 개성 넘치는 형태로 독특한 분위기를 자아낸다.

1814년 오스트리아-헝가리 제국 시대에 만들어진 사모바르. 24인분이나 되는 홍차를 한 번에 우릴 수 있다.

한편, 지금처럼 손잡이가 달린 찻잔을 보편적으로 사용하게 된 것은 의외로 18세기 말의 일이다. 그 전까지는 중국에서 전해진 자기 찻잔을 사용했으며, 받침도 손잡이도 없고 크기도 매우 작았다. 그 후 편안한 자리에서는 손잡이가 있는 커다란 잔을, 격식을 차려야 할 때는 손잡이가 없는 작은 잔을 사용했다. 그리고 18세기 말엽에 이르러서야 거의 모든 찻잔에 손잡이가 생겼다. 손잡이의 형태는 시대와 제조사에 따라서도 달라진다. 손잡이에 집중해서 앤티크 찻잔을 살펴보는 것도 재미있다.

귀족이 사용하던 티 세트에서
앤티크만의 고상함이 느껴진다

프랑스 세브르요의 찻잔과 받침. 1860년경 제작된 제품으로 앤티크다운 기품이 넘친다.

1930년경 영국에서 만들어졌다. 조금 독특한 형태가 인상적이다. 두 장의 접시 중에서 위쪽은 잔 받침이고 아래쪽은 케이크 접시다.

아름다운 금색 무늬의 프랑스제 티 세트. 도자기 공방에 직접 주문 제작한 것으로, 꼼꼼한 수작업으로만 만들 수 있는 기술이다.

이 책에서 소개한 앤티크 제품은 도쿄 기치조지에서 북쪽을 향해 가다 보면 나오는 앤티크숍 갤러리아 알타미라의 소장품이다. 프랑스를 중심으로 유럽의 앤티크 제품을 취급한다. 스태프인 마리솔 씨가 친절하게 맞아준다.

갤러리아 알타미라
도쿄도 네리마구 세키마치기타 1-10-17

Part 2

Assam

인도 아삼

아삼 지방과 그 밖의 인도 산지를 소개한다. 같은 인도라
도 산지에 따라서 놀랄 만큼 맛이 달라진다.

아삼

진한 수색과 묵직하고 강렬한 느낌의 홍차로
밀크티에 제격

Assam

아삼은 인도 북동부 아삼 주의 브라마푸트라강 양쪽 기슭을 따라 펼쳐진 세계 최대의 차 산지다. 인도에서 생산되는 홍차의 절반은 아삼에서 만들어진다. 강과 계곡, 그리고 히말라야 산계에 둘러싸인 대평원이 아삼 차의 고향으로, 차 재배에 가장 좋은 천혜의 기후조건을 갖춘 땅이다. 연간 강우량이 약 2,000~8,000mm나 되는 세계적인 다우(多雨) 지대이며, 생산기간의 평균 최고기온은 28~32℃로 고온다습하다. 이것이 아삼 특유의 강렬한 찻잎을 만들어낸다.

짙은 수색과 그윽한 향, 그리고 묵직한 단맛과 감칠맛이 아삼 차의 특색이다. 특히 진한 감칠맛은 밀크티로 만들기 좋아서, 홍차에 우유를 넣어 마시는 스타일이 주류를 이루던 영국에서 가장 먼저 인기를 얻었다. 80% 이상 CTC제법(19쪽 참조)으로 만들지만, 세컨드 플러시가 나오는 시기에는 정통 제법으로 만든 리프 타입도 출하된다. 퀄리티 시즌은 다르질링과 마찬가지로 봄, 여름, 가을의 연 3회다.

Duflating

듀플레이팅 다원

싱싱한 매력으로 인기가 높은 리프 타입 찻잎도 생산

아삼의 산지, 브라마푸트라강 양쪽 기슭에 펼쳐진 대평원에는 700개 이상의 다원이 있다. 농지는 대부분 해발 50~120m의 낮은 곳에 있고 고도차가 별로 없어서 햇빛을 골고루 받으며 찻잎이 자란다. 태양의 기운을 듬뿍 받아 묵직하고 강렬한 맛이 탄생한다. 끝없이 펼쳐진 다원에는 그늘을 만들어주는 키 큰 나무가 줄지어 서 있고, 그 사이로 민족의상을 차려입은 여성들이 찻잎을 따고 있다. 파란 하늘과 초록 나무, 형형색색 의상의 대비가 눈에 선하다.

듀플레이팅 다원은 비교적 고도가 높은 지역에 속한다. 이곳의 홀 리프 타입 세컨드 플러시 찻잎은 전문가들도 감탄할 정도로 완성도가 높다. 일심이엽에서만 느낄 수 있는 신선한 매력이 있다. 맛은 부드럽고 달콤하다.

듀플레이팅 퍼스트 플러시

꽃처럼 화사한 향기를 즐긴다

원산지	인도
수확기	3월
등급	FOP
수색	○○○●●○
추출시간	5분

처음에는 스트레이트 티로 퍼스트 플러시만의 풍부한 향을 만끽한다. 그 다음 취향대로 밀크티를 만들어 마신다.

Duflating First Flush

퍼스트 플러시라고는 하나, 아삼 특유의 감칠맛은 뚜렷하게 느껴진다. 그래도 봄에 딴 차답게 푸른 초원과 꽃이 연상되는 시원한 향이 상쾌한 느낌을 더해준다. 적당히 떫고 순한 홍차다. 홀 리프 타입 찻잎은 골든팁*이 많은 것을 고르면 좋다. 다른 아삼 차보다 비싼 편이지만, 그만큼 진득하고 매끄러운 맛을 느낄 수 있다.

* 골든팁(Golden Tip): 찻잎의 새싹을 가리킨다. 향이 좋으며, 산화되면 선명한 오렌지빛을 띤다. 소량만 딸 수 있다.

듀플레이팅 세컨드 플러시

감칠맛과 깊은 맛의 절묘한 조화

Duflating Second Flush

원산지 | 인도

수확기 | 6월

등급 | FTGFOP1

수색 | ○○●○○

추출시간 | 5분

설탕이나 우유를 넣지 않고 스트레이트 티로 마시거나, 우유를 듬뿍 넣어 마셔도 맛있다. 디저트를 곁들여서 오후 티타임에 즐기고 싶은 홍차다.

그윽한 붉은빛이 곱게 우러나는 홍차. 맛은 보기보다 훨씬 깊이가 느껴진다. 일 년 중 가장 많은 골든팁이 이 세컨드 플러시에 담긴다. 향미가 섬세하면서도 꿀처럼 달콤하고 풍부한 감칠맛이 있어 진득한 맛을 느낄 수 있다. 마시고 난 뒤에는 비옥한 대지를 연상시키는 풍성한 잔향이 입 안에 남는다.

Tea Topic

홍차 보관 방법①

어둡고 서늘한 곳에 보관한다

홍차는 보통 사각 알루미늄 캔에 들어있다. 이 상태 그대로 보관하는 사람이 많은데, 제대로 밀폐되지 않으니 다른 통에 옮겨 담는다. 뚜껑이 온전히 닫히는 용기라면 합격이다. 다만 플라스틱이나 나무로 된 용기는 그릇의 냄새가 찻잎에 배서 피해야 한다. 가루차인 말차를 담는 통도 홍차를 보관하기에 알맞다. 한편, 어두운 장소를 골라 실온에서 보관하는 것도 중요하다. 냉장고는 식품의 냄새가 배거나 습기가 차서 적합하지 않다.

듀플레이팅 오텀널

촉촉하고 깊은 맛

Duflating Autumnal

원산지	인도
수확기	10월
등급	FOP
수색	○○○○●●
추출시간	5분

오텀널은 밀크티에 가장 잘 어울리는 차다. 로열 밀크티나 차이도 맛있다.

수색은 상당히 진하다. 검붉은 빛깔에서 깊어가는 가을의 정취가 느껴진다. 가을 숲속에 있는 듯 은은한 스모키 향이 인상적이다. 맛은 진한 편으로, 떫은맛이 뚜렷하게 느껴진다. 단맛도 있지만 가볍고 상쾌한 느낌이 아니라 당밀이 생각나는 진한 단맛이다.

Tea Topic

홍차 보관 방법②

찻잎은 이른 시일 내에 다 마신다

홍차에는 유통기한이 있으며 겉포장에 적혀 있다. 일반적으로 캔에 든 것은 3년, 티백은 2년 정도지만, 어디까지나 미개봉 상태일 때의 이야기다. 일단 개봉한 찻잎은 반복해서 여닫는 사이에 향미가 사라지므로 빠르게 다 마시도록 한다. 구매할 때는 찻잎의 향미가 변하지 않도록 소량 구매를 권한다. 또한, 오래된 찻잎에 새 찻잎을 섞으면 신선함이 사라져 버린다. 아무리 종류가 같은 차라도 섞지 않는다.

보르사포리 세컨드 플러시

밀크티에 어울리는 깊은 감칠맛이 특징

Borsapori Second Flush

원산지 | 인도

수확기 | 7월

등급 | BPS

수색 | ○○○●○

추출시간 | 3~4분

스트레이트 티로 마셔도 물론 맛있지만. 강한 향과 진한 맛은 밀크티에 최적이다.

끓는 물을 붓자마자 홍차 특유의 향기가 진하게 퍼진다. 수색은 짙은 적갈색이고, 단맛과 어우러진 감칠맛이 특징이다. CTC제법으로 만들어 빠르게 우러난다. 색, 향미, 감칠맛 등 아삼 고유의 특성이 잘 살아있다.

Borsapori ─────────────────────────────

보르사포리 다원

CTC제법으로 아삼 특유의 홍차를 대량생산

아삼 주 중앙부, 북쪽으로는 웅대한 히말라야산맥을 바라보고 서쪽으로는 세계 유산으로 등록된 카지랑가 국립공원이 펼쳐진 지역에 있다. 현지어로 '보르(Bor)'는 크다, '사포리(Sapori)'는 초원을 의미한다. 이름처럼 약 700헥타르의 광대한 부지를 보유한 대규모 다원이다.

　　모든 공정이 수작업인 정통 제법으로도 이루어지지만, 보르사포리 다원의 이름을 알린 것은 바로 CTC제법(17쪽 참조)이다. CRUSH(으깨기), TEAR(찢기), CURL(동글리기)의 약자로, 기계를 사용해서 대량생산을 가능하게 한 제다법이다. 이 CTC방식으로 만든 홍차는 인도 국내뿐만 아니라 전 세계로 수출되어 널리 사랑받고 있다.

시킴

희소가치가 높은, 우아하고 기품 있는 고품질 차

시킴
아섬
도아스
인도
닐기리

Sikkim

네팔의 북쪽, 네팔과 부탄에 접한 옛 시킴 왕국은 1975년에 인도의 22번째 주(州)로 합병되었다. 명차 산지로 유명한 다르질링의 바로 북쪽이다. 가까운 위치 덕분에 시킴에서는 다르질링 다원에서 건너온 차나무를 재배한다. 그래서 맛과 향기 모두 다르질링 차와 아주 비슷하다. 맛은 매우 섬세하고 떫은맛은 비교적 적은 편이며, 달콤하고 화사한 향미가 특징이다.

시킴은 다원이 하나뿐인 아주 좁은 지역으로, 테미 다원이 유일하다. 인도 합병과 거의 같은 시기에 연구가 시작되었다. 그 결과 차나무 생육에 적합한 환경이라는 사실이 밝혀지면서 주 정부에서 토지를 구매해 현재의 테미 다원이 조성되었다. 품질 좋은 차를 생산하며 희소가치가 높아서 가격은 비싼 편이지만 기대를 저버리지 않는 훌륭한 상품이다.

Temi

테미 다원

순수한 아름다움이 느껴지는 명차를 생산해내는 좋은 다원

시킴은 과거 네팔의 지배를 받았으나 현재는 인도의 자치국이라는 복잡한 정치적 배경을 가진 지역이다. 1975년 인도에 합병된 이후 차 생산지가 되었기 때문에 홍차 세계에서는 아직 뉴페이스라 할 수 있다. 그러나 다르질링의 바로 북쪽이라는 차 재배에 적합한 지리적 여건 때문에 우수한 찻잎을 생산하는 지역으로서 해마다 명성이 높아지고 있다. 찻잎은 대부분 독일을 비롯한 유럽으로 수출된다.

테미 다원은 시킴의 유일한 다원이며, 국제 인증을 받은 유기농 구역을 보유하고 있다. 또한, 시킴은 세계에서 세 번째로 높은 칸첸중가산이 있는 곳으로, 고지대에 발생하는 짙은 안개가 테미 다원의 홍차에 맑고 투명한 느낌을 부여한다.

테미 세컨드 플러시

청아하고 고상하며 깊은 맛

원산지	인도
수확기	6월
등급	FTGFOP1
수색	○○●○○
추출시간	5분

순수하고 투명한 향미는 스트레이트 티로 마셔야 진가를 알 수 있다. 고급스러운 화과자를 곁들여도 잘 어울린다.

Temi Second Flush

다르질링과 비슷하면서도 훨씬 소박한 인상이다. 말로 표현할 수 없을 만큼 풍부한 향미는 한 모금 마시자마자 시원한 향이 비강을 타고 올라와서 마음을 부드럽게 누그러뜨려 준다. 순수하고 기품이 넘치는 맛에 깊이까지 더해져서 포근하고 부드럽게 감싸주는 느낌을 받는다. 떫은맛도 적당하고 오렌지빛 수색도 아름답다.

도아스

세계적인 홍차 브랜드의 다원이 있는 주요 산지

Dooars

인도 북동부의 히말라야 산기슭, 다르질링과 아삼 사이에 도아스가 있다. 비교적 낮은 해발 30~300m의 완만한 구릉지에 약 150여개의 다원이 여기저기 흩어져 있다. 도아스의 다원은 대규모 재배가 특징으로, 총 재배 면적 6만 헥타르, 연간 생산량은 약 8만 5천 톤에 달한다. 대량생산이 가능해서 세계적으로 유명한 홍차 브랜드의 다원도 다수 있다.

도아스의 찻잎은 잘 꼬인 검은색이 특징으로, 부드럽고 향기로운 감칠맛이 돈다. 수색 역시 진한 편이다. 향미는 아삼보다 순하고 다르질링보다 약해서 주로 블렌드용이나 가향차에 사용된다. 도아스라는 이름은 그다지 눈에 띄지 않지만, 알게 모르게 도아스의 홍차를 마시고 있던 셈이다.

Danguajhar

당구아자 다원

한 세기 가까운 역사를 지닌 도아스의 주요 다원

서벵골 주 북부의 잘파이구리 마을에서 약 6km 떨어진, 동서 양쪽으로 강이 흐르는 지역에 자리한 다원이다. 기록에 따르면 당구아자 다원은 20세기 초반에 설립되었다. 당시에는 다른 이름을 사용했으나, 그 후 현지어로 '독신 남성이 모이는 곳'을 의미하는 현재의 이름으로 바뀌었다. 다원의 주민이 말라리아와 열병으로 고통을 겪어서 DENGU(질병)와 JAR(열)이라는 말을 붙였다는 설도 있다. 1978년부터는 30여 개의 다원을 소유한 구드릭(Goodricke) 그룹에 소속되었다.

940헥타르가 넘는 광대한 다원은 대체로 평탄하며, 십여 개의 작은 시내가 흐르고 있다. 이곳에서 재배하는 찻잎은 대부분 CTC제법으로 만들어 티백 등에 사용하지만, 최근에는 맛이 깊은 양질의 찻잎도 제조한다.

당구아자 CTC

진한 맛이 밀크티에 최적

원산지 | 인도

수확기 | 6월

등급 | BPS

수색 | ○○○●○

추출시간 | 3분

밀크티나 차이를 추천한다. 아주 달콤한 비스킷, 향신료가 들어간 디저트 등에 잘 어울린다.

Danguajhar CTC

똑같은 CTC제법으로 만들었어도 아삼보다 찻잎의 색이 검은 편이어서 강렬한 인상을 준다. 끓는 물을 부으면 홍차 특유의 향이 단숨에 퍼지면서 약간 검은빛을 띤 오렌지빛으로 수색이 변한다. 맛은 진하고 강렬하지만 여운은 길지 않아서 뒷맛이 깔끔한 것도 특징이다. 티백이나 블렌드 티에 많이 사용한다.

닐기리

'푸른 산'의 완만한 산기슭에 펼쳐진
거대 생산지

시킴 · 아삼
· 도아스

인도

닐기리 ·

Nilgiri

남인도 타밀나두 주에 있는 닐기리는 인도 홍차 생산량의 약 4분의 1을 책임지는 드넓은 홍차 산지다. 닐기리는 현지어로 '푸른 산'을 뜻하며, 이름대로 눈부시게 푸른 산줄기가 이어지는 해발 1,500m 이상의 고지대에 대부분의 다원이 있다. 이 땅에서 차를 재배하기 시작한 것은 19세기 중반의 일이다. 초기에는 아삼종만 재배했으나, 1890년대 이후 중국종까지 재배하면서 대규모 다원이 잇달아 생겨났다.

겨울철에도 영하로 내려가지 않고 일 년 내내 쾌적한 기후가 이어져서 연중 내내 차 재배가 가능하다. 산뜻하고 무난한 맛을 특징으로 하며, 겨울에 딴 잎은 '윈터 티(winter tea)'라고 해서 귀하게 대접받는다. 90% 이상을 CTC제법으로 만들지만, 질이 아주 좋은 찻잎을 땄을 때는 정통 제법으로 만들기도 한다.

Glendale

글렌데일 다원

겨울에 딴 특별한 차가 화제에 오르다

닐기리 산맥의 경사면, 해발 1,650~2,120m의 고지대에 펼쳐진 다원이다. 닐기리에서 차나무 재배가 시작된 지 얼마 되지 않은 1860년에 설립되었다. 현재는 525헥타르라는 광활한 부지에서, 최신 제다 기계를 도입하여 연간 190만kg 이상의 홍차를 생산하며 유럽과 미국, 일본, 중국 등지에 수출하고 있다.

일 년 내내 건조하고 서늘하며 안개도 많은 특수한 기후조건에서 생산된 홍차는 황금빛 수색과 꽃처럼 온화한 향, 그리고 감미로운 맛이 특징이다. 대부분 CTC제법으로 생산하고, 일부는 정통 제법으로도 만든다. 특히 겨울에 딴 새싹 중에서 양질의 잎만 엄선하여 하나하나 정성껏 꼬아 만든 '윈터 스페셜 티'는 세계적으로 높은 평가를 받는다.

글렌데일 재스민 트월 퍼스트 플러시

겨울의 대지가 키운 향기 진한 스페셜 티

원산지 | 인도

수확기 | 1월

등급 | FOP

수색 | ●○○○○○

추출시간 | 5~6분

섬세한 향과 맛을 즐기고 싶다면 스트레이트 티로 마신다. 과일이 들어간 디저트도 잘 어울린다.

Glendale Jasmine Twirl First Flush

한겨울인 1월에 채엽해 전문가의 손길로 하나하나 정성을 다해 꼬아 만든 일심이엽 찻잎이 보기 좋은 퍼스트 플러시다. 재스민을 닮은 꽃향기가 은은하게 풍기는, 산뜻하고 무난한 향미를 지니고 있다. 레몬옐로 수색도 아름다운 참으로 우아한 차다.

찻잔 컬렉션

홍차를 맛있게 우렸으니 즐겁게 마실 차례다. 마음에 드는 찻잔에 담아 마시면 훨씬 멋진 티타임을 가질 수 있다. 고급 도자기 메이커의 제품부터 앤티크 제품까지, 취향에 맞는 찻잔에 홍차를 마시면 그 맛이 한결 풍부하게 느껴진다.

유명한 로얄코펜하겐. 창립 당시부터 제작해온 블루 플루티드(Blue Fluted) 시리즈의 하나.

로얄코펜하겐 블루 플루티드 시리즈 중 꽃무늬를 크게 넣은 찻잔.

모두가 동경하는
세계 최고급 도자기
브랜드의 찻잔

우아하고 신비로운 오리엔탈무드가 감도는 로얄크라운더비의 컵.

프랑스 리모주의 찻잔. 녹색으로 두른 테두리 선과 울긋불긋한 꽃을 모티브로 하여 화려함이 돋보이는 제품.

Tea Cups Collection

웨지우드의 인디아 시리즈 찻잔. 노란색을 베이스로 하는 따뜻한 느낌의 디자인이 매력적이다.

Mug

잔 받침이 있는 찻잔 세트에 비해 디자인도 훨씬 간결하다. 잎차를 자주 우려 마시는 사람은 뚜껑이나 차 거름망이 있는 타입이 편리하다. (뚜껑이 있는 컵/로레이즈 티)

간편한 머그잔도 이용가치가 크다

받침이 있는 고급스러운 찻잔도 좋지만, 아침식사나 잠시 휴식을 취할 때는 간편하게 머그잔을 이용한다. 차 거름망과 뚜껑이 있는 편리한 머그잔도 자주 볼 수 있다.

양귀비를 모티브로, 회색 톤으로 시크하게 표현한 웨지우드의 찻잔. 차분한 분위기를 풍긴다.

손잡이 쪽이 살짝 오므라진 재미있는 형태의 찻잔. 파란색으로 그려진 꽃 그림도 우아하다.

모던한 형태와 디자인으로 인기인 이탈리아의 도자기 브랜드 타이투의 제품. 위쪽이 티 포트, 아래쪽이 찻잔으로 되어 있는 티포원(tea for one) 형태다.

섬세한 문양과 화려한 골드가 매우 인상
적인 앤티크 컵.

두 개의 컵으로 이루어진 상당히 보기
드문 찻잔. 곳곳에 장식된 금색 무늬가
고급스러움을 더한다.

팔각형 베이스의 모양과 이국적인 분위
기의 인디언 트리 패턴이 훌륭하게 매치
되었다. 디자인이 독특한 콜포트의 찻잔
세트.

오리엔탈무드가 물씬 풍긴다. 중국산 홍
차가 어울릴 듯한 찻잔이다.

아름다운 배색과 공들인 디자인
앤티크의 정수를 느껴보자

두 개의 잔 받침. 섬세한 테두리 디자인과
손잡이 등 지나치기 쉬운 곳까지 신경을
많이 쓴 앤티크 찻잔.

Part 3

Sri Lanka

스리랑카

실론티라는 이름은 많이 들어봤을 테다. 실론은 영국이 스리랑카를 부르던 명칭이다. 스리랑카는 오래전부터 홍차 산지로 이름을 떨쳤다.

우바

화사한 향과 상쾌한 떫은맛을 지닌 세계 3대
명차의 하나

스리랑카

캔디

누와라엘리야

딤불라 ● ● ●
우바

Uva

우바는 세계 3대 명차 중 하나다. 스리랑카의 홍차는 해발고도에 따라서 등급을 분류하는데, 고지대에서 생산하는 하이 그로운 티(high grown tea), 중지대산 미디엄 그로운 티(medium grown tea), 저지대산 로우 그로운 티(low grown tea)로 나뉜다. 스리랑카 중앙 산맥의 동쪽에서 생산되는 우바는 대표적인 하이 그로운 티다. 장미 향과 기분 좋은 떫은맛이 특징이다. 밀크티로 만들기 좋다는 점 때문에 영국에서 인기가 많은 홍차다.

이 지방은 7~8월이 되면 계절풍인 남서 몬순이 부는 데, 그 영향으로 안개가 발생한다. 그러나 산맥을 넘어온 산들바람에 안개가 흩어지고, 내리쬐는 햇빛에 찻잎이 금세 말라버린다. 이런 현상이 반복되면서 홍차에 달콤한 향미와 떫은맛을 부여한다. 그래서 8~9월의 건기가 퀄리티 시즌이 되는 것이다. 이 시기에는 차 수확량이 적은 대신, 싹이 더디게 자라면서 성분이 차곡차곡 잘 축적되어 품질이 좋다. 화사한 향기에 멘톨류의 향미가 더해져서 매우 상쾌한 맛이 난다.

우바 Uva

생동감 있는 자극적인 맛

퀄리티 시즌에 수확한 우바는 기분 좋게 떫으면서 카랑카랑한 맛이 시원하게 퍼진다. 화사한 향기에 멘톨류의 상쾌한 느낌이 더해져서 맛이 깊다. 오렌지빛 수색도 보기 좋다. 이와 달리 퀄리티 시즌이 아닌 시기에 딴 우바는 달콤한 향과 진한 감칠맛이 있고 수색도 짙은 적색을 띤다.

원산지	스리랑카
수확기	8~9월
등급	BOP
수색	○○●○○
추출시간	3분

퀄리티 시즌 특유의 화사한 꽃향기와 상쾌한 멘톨 향을 맛보기 위해 스트레이트 티로 마시는 것을 추천한다. 퀄리티 시즌 이외의 찻잎은 진한 맛과 자극적인 떫은맛이 있어서 밀크티에 적합하다.

딤불라

다양하게 변주 가능한 안정된 품질의 차

스리랑카
캔디
누와라엘리야
딤불라
우바

Dimbula

스리랑카 산악지대의 남서쪽 산비탈에서 생산하는 하이 그로운 티다. 1~2월이 되면 이 지역에는 스리랑카 특유의 계절풍이 불어온다. 산악지대와 맞닥뜨린 바람은 건조한 바람으로 바뀌어 차나무로 향한다. 이 바람이 찻잎에 화사한 꽃향기를 불어넣는다. 바로 이 시기가 딤불라의 퀄리티 시즌이다. 딤불라는 고급 차를 생산하기로 유명하다. 순한 듯 강한 향미와 브리스크(brisk)로 표현되는 상쾌한 떫은맛을 지니고 있다. 딤불라의 최대 장점은 퀄리티 시즌 이외의 차도 하이 그로운 티로서 높은 품질을 유지한다는 점이다. 퀄리티 시즌을 제외하고는 계절에 따른 찻잎의·변화가 없어서 늘 안정된 품질의 홍차를 만들 수 있다. 맛과 향이 모두 튀지 않고 균형이 잘 잡혀 있어서 매일 마셔도 질리지 않는다. 블렌딩하거나 베리에이션 티로 만들어도 맛있는, 폭넓게 즐길 수 있는 홍차다.

딤불라 Dimbula

화사하고 깊은 향미가 특징

퀄리티 시즌에 딴 딤불라는 장미처럼 화사하고 향긋한 꽃내음이 난다. 떫은맛은 강하지만 불쾌할 정도는 아니다. 짙은 수색에 비해 맛은 가벼워서 마시기 좋은 홍차다. 다른 시기의 차는 이른바 정통 홍차의 맛을 느낄 수 있어서 많은 사람들에게 사랑받고 있다.

원산지	스리랑카
수확기	1~2월
등급	BOP
수색	○○○●●○
추출시간	3분

딤불라의 장점은 다양하게 응용할 수 있다는 점이다. 스트레이트 티로 화사한 향기를 즐겨도 좋고, 우유를 듬뿍 넣어서 밀크티로 마셔도 좋다. 아이스 티나 블렌드 티로 만들거나 허브차와 섞어도 맛있게 마실 수 있다.

누와라엘리야

진하고 기분 좋은 떫은맛과 감칠맛, 화사하고
달콤한 향이 특징

스리랑카

캔디

누와라엘리야

딤불라 ● 우바

Nuwala Eliya

누와라엘리야는 영국인이 리조트를 짓기 위해 해발
1,800m에 개발한 마을이다. 당시의 영국문화를 그대로
옮겨온 골프장과 호텔, 펍 등이 아직 남아서 현재도 리
틀 잉글랜드로서 유럽인들에게 사랑받고 있다.

영국인이 이곳을 개발한 이유는 홍차 다원을 개척하
기 위해서였다. 누와라엘리야는 스리랑카의 홍차 산지
가운데 가장 높은 지대에 있다. 연교차는 적으나, 한낮
에는 20~25℃인 기온이 아침저녁으로는 5~15℃로 서

늘해지는 등 일교차는 큰 편이다. 이런 일교차가 떫은
맛을 부여하는 역할을 해서 누와라엘리야 차의 진하고
자극적인 맛을 결정한다. 하이 그로운 티의 특징인 달
콤하고 화사한 향도 살아있다. 풋풋한 풀 향도 독특한
개성이 되어 홍차의 맛을 높여준다. 퀄리티 시즌은 1~2월
이다. 이 시기의 홍차는 연한 오렌지빛 수색과 다르질
링처럼 섬세한 향미를 지닌다.

누와라엘리야 Nuwala Eliya

독특하면서 깊이 있는 향

스리랑카 홍차 중에서는 향이 강한 편이다. 꽃이나 과일로 비유할 수 있을 만큼 달
콤한 향이 독특하다. 퀄리티 시즌의 홍차는 푸릇한 풀 향기까지 더해져서 한 모금
마시면 그 개성 있는 향이 입에서 코까지 빠르게 번져나간다. 떫은맛이 강하기는
하지만 상쾌한 자극 정도여서 생각보다 마시기 좋다.

원산지	스리랑카
수확기	1~2월
등급	BOP
수색	○●○○○○
추출시간	3분

옅은 수색, 그리고 맛과 향이 모두 개성적인 누와라엘리야는 찻잎 본연의 개성을 음미하는 것이 가장 좋다. 스트레이트 티를 추천한다.

캔디

부드러운 맛의 실론티가 탄생한 땅

스리랑카
캔디
누와라엘리야
딤불라 우바

Kandy

캔디는 스리랑카에서 최초로 홍차가 만들어진 곳이다. 홍차의 신이라고 불리는 제임스 테일러(James Taylor)는 본래 커피농장에서 일할 목적으로 스코틀랜드에서 이곳으로 건너왔다. 그러나 커피 녹병으로 커피나무가 대부분 시들어버리자 테일러는 홍차 재배를 시도했고, 이것이 성공해 캔디는 스리랑카에서 최초의 다원이 되었다.

해발 600~1,200m의 높이에서 생산되는 캔디의 홍차는 미디엄 그로운 티다. 캔디의 나무는 원래 아삼에서 가져왔지만 맛은 꽤 다르다. 묵직한 떫은맛이 있는 아삼에 비하면 캔디는 떫은맛이 적고 향도 약한 편으로 상당히 은은한 홍차다. 개성이 뚜렷한 산지의 차를 맛본 뒤에 마시면 조금 부족하게 느껴질지도 모르지만, 이 부드러운 향미 덕분에 조합이 쉬워서 베리에이션 티를 만들 때 주로 사용된다. 오렌지빛이 도는 붉은 수색은 아이스티로 만들어도 보기 좋다.

캔디 Kandy

투명감이 넘치는 깨끗한 맛

튀는 부분이 없이 정통적이고 부드러운 맛으로 모든 사람에게 사랑받는다. 깨끗하고 순수한 맛과 투명한 선홍색 수색을 즐길 수 있다. 향이 나는 과일이나 허브 등과 섞어서 베리에이션 티로 만들기 적당하다. 떫은맛이 약하고 수색도 예뻐서 아이스티로 만들어도 좋다.

원산지 | 스리랑카

등급 | BOP

수색 | ○○●○○

추출시간 | 3분

홍차 자체의 맛을 즐기기보다는, 함께 먹는 음식의 맛을 돋보이게 해주는 차다. 디저트를 곁들여 마셔도 좋고, 과일을 넣어서 과일 홍차를 만들어도 좋다.

홍차를 즐기는 방법 *How to enjoy Tea*

홍차의 나라라고 하면 영국이 떠오른다. 감소하는 추세이기는 하지만, 그래도 영국인의 1인당 연간 홍차 소비량은 약 2.5kg이다. 하루 평균 5~6잔의 홍차를 마신다는 소리다. 영국인의 라이프스타일에 정착한 홍차 문화는 상류계급에서 홍차를 즐기면서부터 시작되었다. 전통적인 영국의 티타임에 대해서 살펴보자.

가끔씩 홍차 전문점에서
애프터눈 티를 즐겨보자.
(사진: 마리아주 프레르)

얼리 모닝 티(Early Morning Tea)

아침에 일어나자마자 마시는 차. 침대에서 마시는 경우도 많아서 베드 티(bed tea)라고도 부른다. 아침에 마시는 차 한 잔은 수분 보충과 잠을 깨는 것 외에도, 배뇨가 잘 되게 도와주는 효과도 있다. 지금도 영국에는 유료로 얼리 모닝 티 서비스를 제공하는 호텔이 많다.

브렉퍼스트 티(Breakfast Tea)

아침식사와 함께 마시는 홍차. 전통적인 영국의 아침식사는 토스트에 시리얼, 베이컨, 에그 프라이, 콩, 구운 토마토와 버섯 등 기름진 음식이 많다. 요즘에는 토스트나 시리얼만으로 간단히 아침을 먹지만, 그래도 머그잔을 가득 채운 밀크티는 빼놓지 않는다.

일레븐시즈(Elevenses)

오전 11시경에 15~20분 정도 갖는 티 브레이크. 직장이나 가정에서 한숨 돌리고 싶을 때 기분 전환을 위해 홍차를 마신다.

애프터눈 티 브레이크(Afternoon Tea Break)

오후 3~4시 사이의 휴식 시간에 15분 정도의 티타임을 즐기는데, 미드 티 브레이크(Mid Tea Break)라고도 한다. 비스킷이나 파이 등 가벼운 티 푸드를 곁들인다.

애프터눈 티(Afternoon Tea)

예전에 귀족들이 즐기던 습관이 남은 것으로, 여전히 서비스를 제공하는 호텔이나 레스토랑이 많다. 원래는 특별한 날에 열리던 오후의 다과모임으로, 세련된 테이블웨어와 샌드위치, 스콘, 케이크 등 호화로운 티 푸드를 준비한다. 19세기 중엽, 베드포드 공작부인 안나 마리아가 간식으로 차와 호화로운 티 푸드를 곁들여 먹은 것이 시작이라고 알려져 있다.

하이 티(High Tea)

영국의 농촌이나 스코틀랜드 등지에서 오후 6시경 귀가한 가장과 아이들이 함께 먹는 식사. 이때 음료는 홍차로 한정되었다. 그러나 지금의 하이 티는 저녁에 콘서트를 보러 나가기 전에 먹는 식사, 또는 애프터눈 티보다는 격식을 차리지 않는 사교모임에서 마시는 차로 여겨진다.

애프터 디너 티(After Dinner Tea)

식후 또는 자기 전에 마시는 차. 홍차에 위스키나 브랜디를 조금 넣거나 초콜릿 등을 곁들이기도 한다.

Part 4

China, etc.

중국 외

홍차의 기원은 중국이다. 세계 3대 명차 중 하나로 꼽히는 기문 등 유명한 홍차를 생산하고 있다. 최근 주목받는 네팔, 인도네시아, 케냐의 홍차도 함께 소개한다.

랍상소우총

특유의 훈연향으로 강렬한 개성을 발휘하는
중국 홍차

중국

랍상소우총 ●
기문 ●

Lapsang Souchong

푸젠성 북부 충안현에서 생산되는 홍차다. 정산소종(正山小種) 또는 성촌소종(星村小種)이라고도 불린다. 이곳은 차의 발상지인 동시에 중국에서 처음으로 홍차가 만들어진 땅이다. 이렇게 유서 깊은 곳에서 생산되는 랍상소우총은 특히 영국에서 경사스러운 날에 마시는 차로서 귀한 대접을 받고 있다.

랍상소우총의 가장 큰 특징은 도저히 홍차라고 할 수 없을 만큼 독특한 향미에 있다. 소나무 연기로 훈연하여 말린 찻잎에서는 스모키하고 강렬한 향이 난다. 찻잎은 검고 굵은 편으로 윤기가 나며, 약간 떫은맛과 진한 감칠맛이 있다. 랍상소우총은 본래 지금처럼 향이 강하지 않으나, 영국으로 수출될 때 더욱 진한 향을 원하는 수요에 맞춰 소나무 연기에 그을려서 팔았다는 설이 있다. 단독으로 마시기에는 개성이 너무 강해서 다른 찻잎에 소량의 랍상소우총을 넣어 특유의 분위기만 즐기기도 한다.

랍상소우총 Lapsang Souchong

훈연향이 진하게 느껴지는 홍차

스모키한 향이 강렬하다. 맛 자체는 적당히 떫고 순한 편이다. 특유의 향미가 맛이 진한 음식과 잘 어울려 애프터눈 티로 자주 등장한다. 향기가 거슬릴 때는 다른 찻잎과 섞어서 향을 조절하면 좋다.

원산지	중국
등급	FOP
수색	○○○●●○
추출시간	4~5분

케이크처럼 달콤한 디저트류와는 어울리지 않는다. 치즈나 훈제연어 등 맛이 진한 스낵류를 곁들여 마신다. 상하이식 볶음누들 같은 중국 면류 또는 식사류와 함께 마셔도 맛있다.

기문

동양적인 분위기가 물씬 풍기는,
중국이 자랑하는 세계 3대 명차

중국

랍상소우총 ●
기문 ●

Keemun

안후이성 남부의 치먼에서 생산되는 홍차다. 처음에는 녹차용으로 차나무를 재배했으나 품질이 좋지 않았다. 홍차 재배로 방향을 바꾸고 나서야 고품질 찻잎을 생산하는 데 성공했다. 온난 습윤한 기후로 여름에는 덥고 비가 많이 내린다. 최고봉의 높이가 1,800m나 되는 황산산맥 부근은 1년에 200일 이상 비가 내리고 안개가 자욱하게 피어오른다. 이렇게 많은 비와 안개가 홍차 만들기에 적합한 조건이 되어주었다.

세계 3대 명차 중 하나인 기문은 독특한 훈연향이 나고 떫은맛이 적은 홍차로 알려져 있다. 그러나 양질의 차는 덜 스모크하고, 장미나 난초가 떠오르는 화사하고 달콤한 향이 난다. 맛도 부드러우며 상쾌한 떫은맛이 느껴진다. 판매하는 곳마다 부르는 이름이 다른 기문 차는 품질을 기준으로 등급을 나눌 수 있다. 품질에 따라 맛의 차이도 상당한 홍차다.

기문 더 앳모스트 Keemun The Atmost

기문의 최고급 차로, 모두가 인정하는 명품

기문의 특징이라고 알려진 훈연향이 전혀 없다. 떫은맛이 나고 중후한 느낌의 찻잎이지만 마시기 매우 좋은 홍차다. 과일 같은 달콤한 향과 진한 감칠맛이 빚어내는 조화가 절묘해서 특급 중의 특급이라고 할 만하다. 맛이 강하지 않으면서 균형이 잘 잡힌 상등품으로, 안정된 향미에 멋이 느껴진다.

원산지 | 중국

수확기 | 7월

등급 | SFTGFOP1

수색 | ○○○●●○

추출시간 | 5분

장미나 난초에 사과의 상큼한 단맛
이 가미된 듯한 향미는 스트레이트
티로 마시면 가장 좋다. 티 푸드를
곁들여도 맛있다.

기문 더 퀸스

균형 잡힌 기품 있는 맛

원산지 | 중국

수확기 | 7월

등급 | FOP

수색 | ○○●○○

추출시간 | 5분

섬세하고 고상한 맛과 향은 설탕이나 우유를 넣지 않고 스트레이트 티로 마셔야 제격이다. 케이크나 파이 또는 생과자를 곁들여 느긋하게 티타임을 즐긴다.

Keemun
The
Queen's

훈연향도 있지만 과일과 꽃향기가 전체적인 인상을 부드럽게 만든다. 떫은맛도 딱 적당해서 기분 좋게 마실 수 있다. 수색은 오렌지빛이 감도는 투명한 적색을 띠고 있다. 퀸스라는 이름처럼 맛과 향, 수색 모두 기품이 넘치는 홍차다.

기문 특선

이국적인 인상을 풍기는 차

원산지 | 중국

수확기 | 7월

등급 | FOP

수색 | ○○○●○○

추출시간 | 5분

스트레이트 티와 밀크티 모두 맛있다. 오리엔탈적인 분위기가 감도는 향은 얼그레이처럼 아이스티로 마셔도 잘 어울린다.

Keemun
Special

기문 더 앳모스트(110쪽 참조) 같은 고품질 차나 스탠더드(115쪽 참조) 등의 가벼운 차와 비교했을 때, 이 찻잎의 특징은 바로 정통성이다. 기문 홍차라고 하면 떠오르는 이미지에 가장 가까운 것이 중간 정도의 품질을 지닌 이 찻잎이다. 얼그레이에 사용되는 베르가모트와 비슷한 향이 은은하게 풍겨서 동양적인 느낌이 강한 홍차다.

기문 톱 퀄리티

매끄럽게 넘어가는 부담 없는 맛

원산지	중국
수확기	7월
등급	FOP
수색	○○●○○
추출시간	5분

달콤한 디저트보다 딤섬 등의 간단한 음식과 궁합이 맞다. 매끄럽게 넘어가고 식어도 맛이 변하지 않는다.

Keemun
Top
Quality

이름은 '톱 퀄리티'이지만 이 책에서 소개하는 기문 찻잎 중에서는 네 번째 즉 중간 정도의 품질이다. 쉽게 접할 수 있어 친숙한 차다. 기문의 특징인 독특한 훈연향이 어성초 차를 떠올리게 한다. 그러나 맛은 정반대로 상큼하고 마시기 좋다.

기문 중상급

기문이라고 하면 바로 이것

원산지 | 중국

수확기 | 7월

등급 | FOP

수색 | ○○○●●

추출시간 | 5분

기문 특유의 낙엽 향기는 우유와 가장 잘 어우러져서 밀크티로 마시면 맛있다. 술과 섞어도 색다르게 개성 넘치는 맛을 느껴볼 수 있다.

Keemun Above Average

일반적으로 알려진 기문의 특징이 가장 두드러진 찻잎이다. 기문을 설명하는 표현으로 자주 쓰는, 낙엽처럼 스모키한 향이 강하게 풍기기 때문이다. 수색도 검은빛이 도는 붉은색으로 깊이가 느껴진다. 훈연향뿐만 아니라 당밀 같은 향기도 느껴진다.

기문 스탠더드

매일 마셔도 좋은 친숙한 맛

원산지 | 중국

수확기 | 7월

등급 | FOP

수색 | ○○○●●

추출시간 | 5분

케이크와 비스킷, 화과자와 전병 등 티 푸드 종류를 가리지 않는 홍차다. 밀크티나 스트레이트 티 모두 맛있게 즐길 수 있다.

Keemun Standard

다른 종류의 기문에서 느껴지는 특별함이 없는 대신, 친숙한 맛으로 매일 마셔도 질리지 않는다. 훈연향과 떫은맛이 느껴지지만 너무 튀지 않고 적당하다. 깊이는 부족하지만 그만큼 산뜻해서 가볍게 마시기 딱 좋은 홍차다.

샹그릴라

자연의 향기 가득한, 앞으로가 기대되는
섬세한 차

Shangrila

네팔의 차는 인지도 면에서 아직 제대로 알려져 있지 않다. 하지만 네팔은 지리적으로 최고급 홍차 산지로 유명한 인도 다르질링 지구에 인접해 있다. 또한, 많은 네팔인들이 다르질링 다원에서 일하며 기술을 배우고 있어 찻잎의 품질은 상당히 높은 편이다. 네팔의 홍차 역사는 그리 길지 않다. 1910년경에 처음 다원이 조성되었고, 1977년에는 국영홍차개발협회가 설립되었다(현재는 민영화 됨). 연간 생산량은 2만 톤에 조금 못 미치지만 해마다 네팔의 홍차 산업은 착실하게 성장하고 있다.

네팔을 대표하는 홍차 가운데 하나가 샹그릴라다. 찻잎은 역시 다르질링과 비슷하지만, 섬세한 향과 특유의 부드러운 맛 그리고 자연의 정취가 느껴진다. 다르질링과 마찬가지로 퀄리티 시즌이 있어서 일 년에 3번 즉 봄, 여름, 가을에 찻잎을 수확한다.

Guranse

구란세 다원

자연 그대로의 부드러운 맛이 특징인 뉴페이스

구란세(Guranse)는 '철쭉'이라는 뜻으로, 네팔의 나라꽃이기도 하다. 그래서인지 이 다원의 차는 달콤하고 꽃처럼 화사한 향이 특징이다. 유기농 다원으로 독일 TUV(라인란드 기술검사협회)의 인증을 받았다. 무농약 홍차의 특징인 몸에 완전히 스며드는 듯한 맛은 한 번 마시면 계속해서 찾게 된다.

구란세 다원은 단쿠타 고원의 해발 2,000m 높이에 자리하고 있으며, 이곳에서 딴 찻잎은 다르질링과 아주 비슷한 섬세함을 품고 있다. 유기농으로 재배한 덕분인지 편안함이 느껴지는 점도 독특하다. 생산량보다는 품질을 가장 먼저 생각하는, 업계에서도 주목하는 다원이다.

구란세 퍼스트 플러시

풋풋하고 신선한 홍차

원산지	네팔
수확기	4월
등급	SFTGFOP1
수색	○●○○○
추출시간	6분

특유의 신선한 향미는 설탕이나 우유를 넣지 않은 스트레이트 티로 마셔야 한다. 단맛이 적은 디저트를 곁들여도 좋다.

Guranse
First Flush

섬세하고 투명한 향이 특징이다. 유기농 다원에서 자란 차나무의 첫물차라는 것을 바로 알 수 있는 풋풋함 가득한 홍차다. 마시고 난 뒤에도 한동안 신선한 맛이 입 안에 남는다. 찻잎 자체도 녹색을 띠고 있어, 모든 면에서 퍼스트 플러시다운 상쾌함이 느껴지는 차다.

구란세 세컨드 플러시

화사한 향기가 일품인 차

원산지	네팔
수확기	6월
등급	SFTGFOP1
수색	○○●○○
추출시간	6분

조금은 고급스럽게 티타임을 즐기고 싶을 때 마시면 좋은 차다. 스트레이트 티로 풍부한 향을 만끽한다. 산뜻한 무스처럼 부드러운 디저트를 곁들인다.

Guranse Second Flush

퍼스트 플러시에서 볼 수 있던 풋풋함은 완전히 자취를 감춘 대신에, 풍성한 꽃향기가 찻잎 전체에서 느껴진다. 잘 익은 과일 맛과 한데 어우러진 향미는 우아하다는 표현이 딱 들어맞는다. 입에 머금으면 꽃향기가 비강을 타고 빠져나와서 몸 전체를 감싸주는 듯하다. 떫은맛이 순해서 조화를 잘 이룬다.

구란세 오텀널

방금 짠 오렌지처럼 싱싱한 향기가 특징

원산지 | 네팔

수확기 | 11월

등급 | SFTGFOP1

수색 | ○●○○○

추출시간 | 6분

오텀널은 보통 밀크티로 마시기 좋은 차라고 하지만, 이 홍차는 스트레이트 티로 찬찬히 맛을 음미하는 것이 가장 좋다.

Guranse
Autumnal

가을에 수확했음에도 불구하고 찻잎 자체에서 풋풋함이 느껴진다. 떫은맛과 쓴맛은 거의 없고, 섬세하면서 진한 향기가 일품이다. 유기농 다원에서 만든 홍차인 까닭에 방금 짠 오렌지주스가 연상되는 신선한 느낌이 난다. 홀 리프의 추출시간은 6분이 기준이지만, 오래 우리면 은은했던 향기가 더욱 깊고 진해진다.

준치야바리 퍼스트 플러시

단맛과 떫은맛의 탁월한 밸런스

Jun Chiyabari First Flush

원산지	네팔
수확기	3월
등급	FTGFOP1
수색	○●○○○
추출시간	5~6분

처음에는 스트레이트로 맛을 본다. 조금 진하게 우려서 비스킷이나 케이크를 곁들이는 것도 추천한다.

야성미 넘치는 찻잎에서는 백합처럼 화사한 향기와 차의 풋풋한 향기가 감돈다. 수색은 맑은 오렌지빛이다. 감귤류의 단맛과 차 특유의 적당히 떫은맛, 톡 쏘는 맛이 어우러져서 상큼하고 깔끔하다. 뒷맛도 또렷해서 긴 여운을 감상할 수 있다.

Jun Chiyabari

준치야바리 다원

새롭게 주목 받는 가족 경영의 소규모 신흥 다원

네팔 동부의 명봉 칸첸중가 산기슭에 펼쳐진 단쿠타 지구에 2001년 설립된 새로운 다원이다. 해발 1,650~2,200m의 고지대에 자리하고 있다. 준치야바리(Jun Chiyabari)는 네팔어로 '보름달, 차, 다원'을 뜻하는 단어들로 이루어진 말이다. 처음부터 유기농법으로 시작해서 현재까지도 화학 비료를 일절 사용하지 않고 무농약으로 관리하며 차를 생산한다. 2012년에 스위스의 IMO 인증을 받았다.

가족끼리 경영하는, 재배면적도 75헥타르에 불과한 소규모 신흥 다원이지만, 오랜 역사를 지닌 다원에 뒤처지지 않는 품질로 유럽의 권위 있는 상을 받기도 했다. 손으로 비벼 만든 찻잎에는 계절의 특징이 고스란히 드러나 있으며, 날씨에 따라서 장미나 백합 등의 향이 감돈다.

자바

우리나라에도 잘 알려진 산뜻한 맛의
인도네시아 차

인도네시아
자바

Java

인도네시아의 자바 섬 서부에서 재배되는 자바 홍차는 실론티처럼 맛과 향이 부드럽다. 해발 1,500m 이상의 고원과 완만한 산간지형에 다원이 흩어져 있는데, 스리랑카와 지형이 비슷해서인지 홍차 맛에도 닮은 구석이 있다.

　오랜 역사를 지닌 인도네시아 홍차는 1690년 당시 인도네시아를 식민 지배하던 네덜란드인이 차 재배에 도전하면서 시작되었다. 1870년대에는 실론(스리랑카)에서 아삼종을 들여오면서 본격적으로 플랜테이션(plantation) 방식을 도입했다. 그러나 2차 세계대전 기간에 인도네시아를 통치하던 일본은 차보다는 목화 재배를 우선했으며, 세계대전이 끝난 뒤에는 네덜란드와 독립전쟁을 치러야 했다. 독립한 뒤에도 혼란스러운 상황은 계속되어 다원의 부흥은 더디기만 했다. 이처럼 여러 문제를 겪으면서도 차근차근 성장하여, 1933년 국제차협정(International Tea Agreement)이 체결될 무렵에는 인도, 스리랑카에 이어 세 번째 수출실적을 자랑하기에 이르렀다. 수확은 일 년 내내 가능하지만, 건기에 해당하는 8~9월에 좀 더 나은 품질의 찻잎을 수확할 수 있다.

자바 프리마 Java Prima

상쾌한 감귤향

수색은 투명하고 밝으며, 떫은맛이 적고 감귤류 과일처럼 상큼한 향이 난다. 자바 홍차의 장점이 꽉 들어찬 홍차다. 매끄럽게 목으로 넘어가고, 마시고 난 뒤에 입 안에 은은하게 남는 산뜻함도 적당해서 좋다. 프리마라는 이름에 걸맞게 높은 품질이 돋보이는 홍차다.

원산	인도네시아
수확기	8월
등급	BOP
수색	○●○○○
추출시간	3분

맛이 담백해서 어떤 음식과도 잘 어울린다. 밀크티처럼 다른 음료와 혼합해도 맛있다. 달콤한 디저트를 곁들여 스트레이트 티로 마시고 싶다면 오래 우려야 감칠맛이 제대로 드러난다.

자바

맛도 향도 가벼워서 부담이 없다

원산지	인도네시아
수확기	8월
등급	BOP
수색	○○○●○
추출시간	3분

자바 홍차는 무난해서 어떻게 마셔도 맛있지만. 이 찻잎만큼은 스트레이트 티나 아이스티로 만들어서 홍차 본연의 맛을 즐기는 편이 낫다.

Java

맛과 향이 산뜻해서 마시기 좋은 홍차로, 어떤 음식에나 잘 어울려서 식사 테이블에 올릴지 아니면 티타임에 느긋하게 마시는 것이 좋을지 고민할 필요가 없다. 블렌딩용으로 사용하거나 허브, 과일과 섞어 만드는 베리에이션 티에도 안성맞춤인 찻잎이다.

케냐

케냐

부담 없는 맛으로 인기를 얻어 반세기 만에
홍차 대국으로 발돋움

아프리카

케냐

Kenya

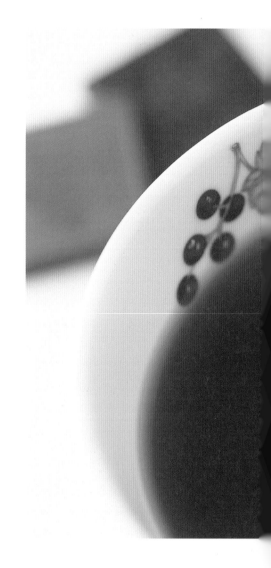

케냐는 동아프리카의 적도 바로 아래에 펼쳐진 나라다. 1903년
에 인도에서 아삼종을 들여와 홍차를 재배하기 시작했다. 그러
나 재배와 제다가 본격적으로 시작된 것은 1963년 영국에서 독
립한 뒤부터다. 이때부터 규모가 커지면서 빠르게 발전한 케냐
는 마침내 인도의 뒤를 이어 생산량 세계 2위를 차지하게 되었
다. 그리고 현재는 홍차 대국으로 전 세계에 이름을 알리고 있다.
  케냐가 본격적으로 홍차 생산에 뛰어든 지 불과 반세기 만에
급성장을 이룰 수 있었던 이유는 이상적인 기후조건에 있다. 대
부분의 다원이 해발 1,500~2,700m의 고지대에 자리하고 있으
며, 3~5월은 우기, 6~9월은 건기인 사바나 기후로 일 년 내내
기온이 일정하게 유지된다. 연중 찻잎을 딸 수 있고 찻잎의 성
장도 빨라서 채엽하고 1~2주 후에 또다시 수확이 가능하다. 이
처럼 빠르게 성장하는 찻잎이 뛰어난 생산성으로 이어졌다.
  케냐의 홍차는 감칠맛이 많이 드러나지 않는 산뜻하고 무난
한 맛을 특징으로 한다. 1~2월과 7~8월이 퀄리티 시즌이다.

케냐

어떤 음식과도 잘 어울리는 홍차

원산지 | 케냐

수확기 | 8월

등급 | FTGFOP

수색 | ○○○○●

추출시간 | 5~6분

베리에이션 티에 사용하기 딱 좋은 차다. 물론 스트레이트 티로도 마실 수 있다. 음식의 종류를 가리지 않는 맛으로, 특히 묵직한 초콜릿이나 햄버거, 샌드위치 등에 잘 맞는다.

Kenya

수색은 검은빛이 돌 정도로 진한 편이지만 맛이나 향은 아주 순하다. 다원의 역사가 짧고 차나무가 어려서 생기 넘치고 직선적인 맛이 난다. 떫은맛이 생생한데도 술술 잘 넘어가는 홍차다. 정통의 홍차 맛과 향을 지니고 있어 다양하게 활용할 수 있다. 밀크티는 물론이고 과일이나 허브, 술과 조합해도 맛있다. 케냐 차는 대부분 CTC제법으로 만들기 때문에 홀 리프 타입은 보기 드물다.

맛있는 티 푸드가 있다면 티타임이 더욱 즐거워진다!

홍차와 어울리는 음식

홍차를 마실 때는 애프터눈 티처럼 음식을 곁들이는 경우가 많다. 하지만 홍차의 맛과 향은 정말 다양하기 때문에 잘 어울리는 음식도 제각기 다르다. 크게 나눠보면, 향이 섬세하고 우아한 홍차에는 쇼트케이크처럼 가벼운 디저트가 어울리고, 감칠맛 나는 홍차에는 파운드케이크처럼 묵직한 것이 잘 맞는다. 또한, 목 넘김이 깔끔한 홍차는 샌드위치나 전병처럼 달지 않은 음식에 마시기 좋고, 향긋한 차는 찹쌀떡과 경단처럼 팥앙금이 들어간 종류와 함께 마시면 맛있다. 의외로 치즈나 말린 과일에 어울리는 홍차도 있다. 같은 홍차라도 수확시기와 제조사에 따라서 궁합이 맞는 티 푸드가 달라지므로 다양하게 시도해보는 것이 좋다. 이 책에서는 일반적으로 홍차에 어울리는 음식을 소개한다.

케이크 *Cake*

쇼트케이크와 초콜릿 케이크, 슈크림 등은 티 푸드의 정석이다. 향이 풍부한 홍차를 스트레이트 티로 우려서 함께 먹는다.

비스킷 *Biscuit*

홍차와 어울리는 과자라고 하면, 가장 먼저 비스킷이나 쇼트 브레드가 떠오른다. 바삭바삭하고 포슬포슬한 식감이 홍차와 잘 맞는다. 밀크티를 만들어서 살짝살짝 적셔가며 먹어도 맛있다.

Tea-cake

초콜릿 *Chocolate*

브랜디 안주로 빠지지 않는 초콜릿은 묵직한 맛의 음식
과 잘 맞는다. 홍차와 함께 먹을 때도 향이 진한 찻잎을
선택하면 맛있게 먹을 수 있다.

치즈케이크 *Cheesecake*

치즈케이크는 크게 두 가지 타입이 있다. 스트레이트 티
는 오븐에 굽지 않는 레어 치즈케이크, 밀크티는 오븐에
굽는 치즈케이크가 어울린다.

파이 *Pie*

파이는 홍차에 가장 잘 어울리는 음식 중 하나다. 예를
들어 향이 비슷한 사과 홍차와 애플파이를 함께 먹으면
두 음식의 사과향이 만나 더욱 풍성해진다.

가토 *Gâteau*

촉촉한 파운드케이크를 비롯한 구움과자도 홍차와 맛있
게 먹을 수 있는 티 푸드다. 진한 맛의 홍차나 밀크티와
함께 먹는다.

Tea-cake

화과자 *Wagashi*

팥앙금으로 만든 양갱과 홍차라는 예상 밖의 조합
도 흥미롭다. 향이 좋은 홍차가 제격이다.

고급스러운 화과자도 홍차에 어울린다. 말차처럼 감칠맛과
깊은 맛을 지닌 홍차를 곁들이면 맛있다.

견과류 & 말린 과일
Nuts & Dried Fruits

술안주로 즐겨 먹는 견과류와 말린 과일은 감칠맛 나는
홍차에 곁들이면 그 맛이 잘 어우러진다.

치즈 *Cheese*

이 책에서 소개한 티 푸드 중에서 가장 의외인 음
식이 치즈일 것이다. 랍상소우총(108쪽 참조)처럼
개성 넘치는 향과 잘 맞는다.

Part 5

Herb Tea

허브차

허브차는 상쾌한 맛과 향기는 물론이고, 건강에도 좋은 차
로 주목을 받고 있다. 대표적인 허브 몇 가지를 소개한다.

로즈핑크

'꽃의 여왕'이라는 이름에 걸맞은 달콤하고 우아한 향기

기대할 수 있는 효능

변비 개선, 피부미용 효과, 심신안정
*입욕제로 사용하거나, 홍차와 중국차 또는 술에 섞어 마셔도 맛있다.

Rose Pink

학명 | Rosa centifolia

과명 | 장미과

이용 부위 | 꽃

장미꽃 차 중에서는 로즈레드(132쪽 참조)가 더 유명하지만, 로즈핑크의 인기도 나날이 높아지고 있다. 효능 면에서는 거의 동일하다. 로즈레드가 뚜렷한 장미향이 나는 데 비해, 로즈핑크는 부드러우면서 좀 더 달콤하고 우아한 향이 난다. 맛도 순하고 매끄럽다.

로즈핑크는 호르몬의 불균형을 잡아주고, 변비를 개선하며, 피부 미용에도 효과가 있어 특히 여성에게 좋은 허브다. 피곤할 때 사용하면 심신 회복에 도움이 된다. 목욕물에 띄우는 것도 한 방법이다. 장미의 우아한 향기가 기분을 황홀하게 만들어준다. 이처럼 로즈핑크는 차로 마시거나 방향제로 사용하는 등 생활 속에서 폭넓게 활용할 수 있다. 또한, 맛과 향이 무난해서 누구에게나 선물하기 좋다.

홍차와도 궁합이 잘 맞는다. 찻잎을 혼합해서 한꺼번에 우려도 되고, 스트레이트로 홍차를 우린 다음 로즈핑크 잎을 띄워도 맛있다. 로즈핑크와 로즈레드를 섞어주면 로즈핑크 하나만 넣고 차를 만들었을 때보다 우아한 느낌이 배가되면서 맛과 향이 더욱더 깊어진다. 중국차나 술에 넣어 마시는 것도 추천한다. 기품 있는 분위기를 연출하는 허브다.

로즈레드

다양한 효능을 지닌 화려한 허브

Rose Red

기대할 수 있는 효능

진정작용, 생리통 완화, 호르몬 분비 조절, 피부미용 효과

*입욕제와 방향제, 화장수로 고급스러운 향을 즐긴다.

학명 | Rosa gallica

과명 | 장미과

이용 부위 | 꽃

마른 꽃잎일 때나 찻물에 젖었을 때나 퇴색되지 않는 로즈레드의 아름다운 붉은색은 그 모습만으로도 고상한 분위기를 자아낸다. 로즈핑크와 효능은 비슷하며, 입욕제와 방향제로 만들어 일상에서 다양하게 사용할 수 있는 허브다.

　로즈레드 꽃잎에 뜨거운 물을 부으면 달콤하고 고급스러운 향이 감돈다. 맛은 비교적 담백하고 뒷맛도 산뜻하지만, 로즈핑크가 순하고 부드러운 인상이라면 로즈레드는 장미의 개성이 강한 편이고 중후한 느낌마저 든다. 호르몬 분비를 조절하고 인후통을 가라앉히는 효능이 있다고 알려졌다. 또한, 기분 전환이 필요할 때 마시면 진정 효과도 기대할 수 있다.

올드로즈

수많은 장미 중에서 효능이 가장 뛰어나다

Old Rose

기대할 수 있는 효능

수렴작용, 소염작용, 강장작용

*화장수 및 입욕제로 자주 사용된다.

학명	Rosa spp
과명	장미과
이용 부위	꽃

장미로 만드는 허브는 꽃잎을 이용한 로즈핑크와 로즈레드, 열매를 사용하는 로즈힙 등 여러 종류가 있는데, 그중에서도 올드로즈의 효능이 가장 뛰어나다. 탁월한 강장작용, 수렴작용, 소염작용이 있다고 알려졌으며, 차로 마시면 은은한 색과 향까지 더해져 기분을 차분하게 가라앉혀준다.

장미 특유의 기품 넘치는 향기는 그대로지만, 다른 장미꽃 허브에 비하면 전면에 직접 드러나기보다는 부드럽게 감싸는 듯한 인상을 준다. 맛도 무난해서 부담 없이 마실 수 있고, 한편으로 향기가 입 안에 잔잔하게 남아서 다양하게 응용하기 좋은 허브다.

블루멜로

컬러 변화가 아름다운, 기관지염과 알레르기성 질환에 효과적인 허브

기대할 수 있는 효능

호흡기계 염증 완화, 진정작용, 피부미용 효과

*우려낸 물로 찜질을 하거나 요리에도 사용한다.

Blue Mallow

학명 | Malva sylvestris

과명 | 아욱과

이용 부위 | 꽃

차를 우리면 처음에는 선명한 블루였다가 조금 더 두면 그레이로, 레몬을 넣으면 은은한 핑크로 물들어서 '새벽의 허브차'라는 별명이 있다. 눈이 즐거운 이 허브는 향미가 아주 상쾌하고, 독특한 맛이나 향이 없어 마시기 편하다. 다양하게 변형해서 마실 수 있는 블루멜로는 특히 홍차와 궁합이 아주 좋은데, 블루멜로와 홍차를 섞어 블루티라는 이름으로 판매하기도 한다.

블루멜로는 역사가 오래된 허브로, 고대 그리스 로마 시대부터 애용해 왔다. 잎과 줄기는 채소로, 꽃과 뿌리는 차로 이용하며, 진통 및 소염 효과가 있다고 알려져 지금도 귀하게 쓰이고 있다. 또한, 목과 코의 염증을 억제하고 알레르기성 질환에도 효과가 있어 약 대신 마시기도 한다. 감기 또한 가래가 생겼을 때 마시면 증상이 완화된다. 담배를 많이 피웠을 때도 마시면 좋다. 빠른 효과를 원하면 진하게 우린 차로 입을 헹궈준다.

단맛을 더하고 싶으면 꿀을 넣자. 순한 맛에 그윽함이 더해져서 마음까지 편안해진다. 자기 전에 마셔도 좋은 차다.

레몬을 넣으면 수색이 핑크로 변한다.

로즈힙

새콤달콤한 맛과 풍부한 비타민C 덕분에 꾸준한 인기

기대할 수 있는 효능

변비 개선, 이뇨작용, 강장작용, 피부미용 효과

*음료로 마셔도, 잼이나 과자에 넣어도 맛있다.

Rose Hip

학명 | Rosa canina

과명 | 장미과

이용 부위 | 열매

비타민C와 미네랄이 풍부하여 피부미용에 도움이 되는 로즈힙은 여성들 사이에서 압도적인 인기를 자랑한다. 로즈힙에는 무려 레몬의 20배나 되는 비타민C가 함유되어 있다. 감기를 예방하고 증상을 완화하는 데 비타민C가 효과적이라는 사실은 익히 알려졌다. 또한, 알코올이나 담배에 대한 면역력을 높여준다.

한편 비타민A, B, E 등도 풍부해서 자양강장 효과가 뛰어나며, 임산부의 영양보충에도 사용된다. 이뇨작용을 높여서 대사를 촉진하기 때문에 다이어트 아이템으로 쓰인다. 여러모로 여성을 위한 허브라고 할 만하다.

차로 마시는 것이 가장 정통적인 섭취방법이다. 산미가 있지만 강한 편은 아니므로 과일 같은 달콤한 향이 제대로 우러나도록 진하게 우려야 맛있다. 통열매는 유효성분이 잘 우러날 수 있게 물을 붓기 전에 미리 열매를 으깬다. 스트레이트 티로 마실 때는 5분 이상 충분히 시간을 들여서 우린다. 졸여서 잼을 만들기도 하고, 로즈힙을 넣어 만든 머핀도 유명하다.

로즈힙은 장미꽃이 핀 후 맺은 열매를 가리킨다. 해당화와 스위트브라이어 등 몇 가지 품종이 있지만, 개장미라는 품종을 가장 많이 사용한다.

캐모마일

풋사과처럼 새콤달콤한 향의 친근한 허브

기대할 수 있는 효능

건위작용, 소화촉진, 냉증 개선, 숙면효과

＊비누와 입욕제로 친숙하다. 임신 중인 사람은 다량 섭취하지 않도록 주의한다.

Chamomile

학명 | Matricaria chamomilla

과명 | 국화과

이용 부위 | 꽃

'카모마일'이라고도 한다. 풋사과처럼 달콤하고 익숙한 향이 은은하게 풍긴다. 천천히 몸을 데워서 이완시킨다. '캐모마일'이라는 이름은 대지의 사과를 뜻하는 그리스어에서 유래했다고 한다.

효능이 매우 다양해서, 유럽에서는 오래전부터 '엄마의 허브', '식물의 의사'라고 부르며 캐모마일을 자주 마셔왔다. 소화촉진 작용과 진정작용이 있고, 불면증 및 부인병에도 효과가 있다. 또한, 감기나 피로감이 있을 때, 불안하고 초조할 때, 잠이 오지 않을 때, 몸이 냉할 때같이 컨디션이 별로일 때 마시면 좋다.

캐모마일 차는 어린이도 마실 수 있으며, 우유를 넣고 밀크티로 만들어도 맛있다. 다만 자궁 수축 작용이 있으니 임신 중에는 너무 많이 마시지 않도록 주의한다.

캐모마일의 종은 여러 가지가 있는데, 저먼 캐모마일(German Chamomile)과 로만 캐모마일(Roman Chamomile)이 가장 일반적이다. 생김새가 서로 비슷하고 둘 다 사과 같이 달콤한 향이 나지만, 차로 마신다면 달콤하고 순한 저먼 캐모마일을 추천한다. 로만 캐모마일은 차로 마시면 쓴맛이 난다. 구매할 때는 품종을 확인한 후 취향에 맞는 것을 고른다.

페퍼민트

상쾌한 청량감이 기분 전환에 효과 만점

기대할 수 있는 효능

살균작용, 위장장애 완화, 소화촉진, 화분증 대책

*요리와 디저트를 만들 때도 많이 이용한다. 임신 및 수유 중에는 많이 마시지 않도록 주의한다.

Peppermint

학명 | Mentha piperita

과명 | 꿀풀과

이용 부위 | 잎

민트는 교배종부터 잡종까지 그 종류가 매우 다양하다. 페퍼민트도 원래 스피어민트(Mentha spicata)와 워터민트(Mentha aquatica)의 교배종이다. 수많은 민트 중에서 페퍼민트의 효능이 특히 뛰어나다고 알려졌으며, 유럽에서는 주로 약용으로 쓰인다.

대표적인 효능으로는 상쾌한 느낌과 기분 전환 효과를 들 수 있다. 멘톨이 함유되어 식후 또는 졸음이 몰려올 때 마시면 코가 뻥 뚫리면서 상쾌함이 입 안 가득 퍼져 효과 만점이다. 멘톨 외에도 여러 성분이 다양한 효과를 발휘한다. 위벽을 자극하여 장내의 가스를 줄여줌으로써 소화가 촉진되고 복통이 완화된다. 위산과다 및 구토 증세에도 효과적이다.

커피를 너무 많이 마셨을 때나 숙취, 멀미에도 잘 들어서 페퍼민트 차를 마시면 상태가 나아진다. 또한, 강장 및 살균 효과, 진정작용이 있어 밤에 잠들지 못할 때 마셔도 도움이 된다. 페퍼민트의 차향은 확실히 멘톨의 자극적인 풍미가 느껴지지만, 맛은 의외로 맑고 순해서 마시기에 부담이 없다. 약효가 아무리 많다고 해도 임신, 수유 중에는 과다 섭취하지 않도록 주의한다.

스피어민트

폭넓게 스며드는 신선한 청량감이 특징

Spearmint

기대할 수 있는 효능

기분 전환 효과, 졸음방지, 소화촉진, 장내 가스 제거

*요리와 베이킹, 입욕제 등 일상에서 폭넓게 사용할 수 있다.

학명 | Mentha spicata

과명 | 꿀풀과

이용 부위 | 잎

민트의 한 종류로 잎이 선명한 녹색을 띠고 있어 그린민트(Green Mint)로도 불린다. 민트는 교배가 간단하고 추위도 잘 견뎌서 전 세계에 널리 분포하고 있으며, 알려진 것만도 30종이 넘는다. 그러나 허브차로 이용되는 민트는 스피어민트와 페퍼민트(140쪽 참조) 두 종류다.

페퍼민트는 시원한 맛이 나지만, 스피어민트에는 멘톨이 함유되지 않아서 청량하면서도 부드러운 단맛과 순한 향이 느껴진다. 그래서 민트를 싫어하는 사람도 비교적 편하게 마실 수 있다. 다른 허브나 우유와의 궁합도 좋은 편이어서 자유롭게 조합하는 것도 가능하다.

레몬그라스

레몬의 상쾌한 향미가 식욕 증진 및 피로 해소에 효과적

Lemon Grass

기대할 수 있는 효능

소화촉진, 피로 해소, 식욕 증진

*독특한 향미는 에스닉 요리에 빼놓을 수 없다.

학명 | Cymbopogon citratus

과명 | 볏과

이용 부위 | 잎

레몬그라스는 태국의 토속요리인 똠얌꿍을 비롯해 각종 에스닉 요리에 꼭 들어가는 허브다. 특유의 상쾌한 향미가 요리에 포인트를 줘서 식욕을 자극한다. 레몬그라스에는 식욕을 증진시키는 효능이 있어서 속이 불편하고 식욕이 떨어졌을 때 이 차를 마시면 식욕이 돌아온다고 알려져 있다. 복통과 설사 완화에도 효과적이다.

레몬과 향이 비슷해서 기분 전환 효과를 기대할 수 있다. 집중력이 떨어졌거나 잠이 올 때 마셔보기를 권한다. 또한, 발한 및 살균 효과도 있다고 알려져서 감기와 독감 증상 완화에도 도움이 된다. 상쾌한 맛과 향은 차로 마시는 것이 가장 좋은데, 향미가 부족하게 느껴지면 레몬 껍질을 조금 넣어도 맛있다.

라벤더

화려하고 부드러운 향기가 마음을 안정시킨다

Lavender

기대할 수 있는 효능

진통 · 진정작용, 소화불량 완화, 살균작용, 피로 해소

*에센셜 오일 및 포푸리로 친숙하다.

학명 | Lavandula officinalis

과명 | 꿀풀과

이용 부위 | 꽃

포푸리나 사셰 등의 향주머니, 에센셜 오일, 비누 등 생활에 향기를 더하는 허브로 우리에게 아주 친숙하다. 보라색 꽃과 화려한 향기로 '향기 정원의 여왕'이라고도 불린다. 라벤더는 향기를 즐기는 허브라는 인상이 강하지만 먹는 것도 가능하다.

　스트레이트 티로 만들면 특유의 향기를 고스란히 느낄 수 있다. 진한 보랏빛 꽃과 달리 수색은 예쁜 파란색이다. 여기에 레몬을 넣으면 핑크색으로 변한다. 맛은 굉장히 순하고 부드럽지만 향은 강렬한 편이다. 짙은 향이 부담스러울 경우 홍차와 블렌딩하면 훨씬 마시기 편해진다. 라벤더 향에는 진정 효과가 있다고 알려졌으나, 임신 중에는 다량으로 섭취하는 것을 피한다.

리커리스

천연의 단맛은 다이어트에 제격

Liquorice

기대할 수 있는 효능

이뇨작용, 충치 예방, 항바이러스 작용

*다이어트 감미료로 사용할 수 있다. 고혈압인 사람은 음용을 피한다.

학명 | Glycyrrhiza glabra

과명 | 콩과

이용 부위 | 뿌리

천연 단맛을 다이어트에 이용하기도 하고, 항바이러스 작용도 있어서 인기가 많은 허브다. 리커리스라는 이름이 낯선 사람들도 감초라고 하면 바로 알 수 있을 것이다. 많은 한방약에 들어가며 약효도 좋다. 다만 리커리스는 체액저류를 일으키므로 고혈압인 사람은 마시지 않도록 주의한다.

가장 큰 특징은 단맛이다. 설탕의 50배나 되는 단맛을 지닌 글리시리진에서 유래한 것으로, 리커리스 뿌리에 많이 함유되어 있다. 단독으로 차를 만들면 너무 달아서 홍차와 블렌딩하거나 다른 허브와 조합해서 마시면 단맛이 적당히 누그러진다. 단맛은 강하지만 칼로리는 낮아서 다이어트에도 안성맞춤이다.

로즈메리

머리를 상쾌하게 하고 활력을 주는 허브

Rosemary

기대할 수 있는 효능

혈액순환 촉진, 두뇌 활성화, 근육통 완화

*고기 요리의 잡냄새를 제거하는 데도 사용된다.
고혈압인 사람은 마시지 않는다.
임신 중인 사람은 다량으로 음용하지 않는다.

학명 | Rosmarinus officinalis

과명 | 꿀풀과

이용 부위 | 잎

프랑스요리와 이탈리아요리에서 흔하게 사용되는 로즈메리는 고기의 잡냄새를 없애고 향기를 더한다. 장뇌 같은 독특한 향이 특징으로, 차로 만들어도 강렬한 향기는 사라지지 않는다. 그러나 맛은 비교적 순하고 뒷맛도 상쾌하다.

　이처럼 강한 향 때문인지 로즈메리에는 혈액순환을 촉진하고 뇌를 활성화하는 작용이 있다고 한다. 저혈압으로 아침에 일어나기 힘든 사람이 일어나자마자 마시면 생기가 돌아온다. 집중력과 기억력 향상에도 도움을 줘서, 불로장생 또는 젊음을 돌려주는 '회춘의 허브'로 불렸다. 또한, 신경통 완화 및 지방의 소화촉진에도 효과적이다.

린덴

살짝 단맛이 도는 고상한 향기가 마음을 가라앉힌다

Linden

기대할 수 있는 효능

긴장 완화, 숙면효과, 이뇨작용, 소화촉진

*음료 및 입욕제 등에 사용된다.

학명 | Tilia europaea

과명 | 피나뭇과

이용 부위 | 꽃, 잎

린덴은 보리수를 뜻하지만, 허브로 사용되는 린덴은 흔히 우리가 알고 있는 보리수와는 다른 품종이다. 유럽에서는 가로수로 친숙한, 초여름에 작은 꽃이 피는 서양 보리수를 가리킨다.

　린덴의 꽃과 잎 부분을 허브로 사용한다. 고상하고 살짝 단맛이 도는 부드러운 향기가 난다. 차로 마시면 뒷맛이 상쾌하다. 소화촉진에 효과적이어서 식후에 마시는 차로 제격이다. 린덴 차에는 신경을 안정시키는 효과도 있어 불면증 개선, 동맥경화 및 심근경색 예방에도 좋다. 또한, 발한작용이 뛰어나서 감기나 독감에 걸렸을 때 마시면 증상이 완화된다.

히비스커스

피로를 풀어주는 새콤함과 선명한 붉은색이 인상적인 허브

Hibiscus

기대할 수 있는 효능

피로 해소, 안정피로의 예방과 회복, 이뇨작용

*디저트나 요리 소스에 사용하면 식탁이 화려해진다.

학명 | Hibiscus sabdariffa

과명 | 아욱과

이용 부위 | 꽃받침

차로 만들면 우러나는, 루비처럼 새빨간 색이 인상적이다. 마셨을 때 강렬하게 느껴지는 산미가 히비스커스의 맛이자 개성이다. 산미가 과하게 느껴지면 다른 차와 섞거나 꿀을 넣어 마시면 좋다. 이 산미의 정체는 구연산과 주석산이다. 피로 해소는 물론이고, 안정피로(eye strain)와 부종에도 효과가 있다 아이스티로 만들어서 무더운 여름철에 마시면 더위 먹은 증상을 예방하는 데도 도움이 된다. 최근에는 스포츠음료로 활용하는 운동선수도 많다고 한다. 비타민C가 풍부하여 피부미용에도 효과가 있으며, 칼륨에 의한 이뇨작용을 기대할 수 있어서 과음한 다음날에 마시면 좋다.

레몬버베나

삭림욕을 하는 듯한 청량감이 매력

Lemon Verbena (Verveine)

기대할 수 있는 효능

소화촉진, 식욕 증진, 진정작용, 불면증 완화

*향료와 요리, 화장수 등에 사용된다. 일상에서 다양하게 활약하고 있다.

학명 | Aloysia triphylla

과명 | 마편초과

이용 부위 | 잎

상큼한 레몬향이 나는 허브다. 레몬이라는 이름이 붙은 허브는 여러 종류가 있는데, 모두 레몬과 비슷한 향을 지니고 있다. 그중 레몬버베나는 신맛 사이로 은은한 단맛이 느껴져서 허브차를 처음 마시는 초심자에게도 추천할 만하다. 부드러운 향미는 마음을 차분히 가라앉혀준다. 맛과 향이 비교적 순한 편이지만 위를 자극하므로 장기간 다량으로 마시는 것은 피한다.

　프랑스인들이 특히 레몬버베나 차를 즐겨 마신다. 식욕이 없거나 피곤할 때 마시면 원기가 회복된다. 기관지와 코의 염증을 억제하여 감기 초기에 마시면 좋다. 진정 효과가 높기 때문에 불안하거나 초조할 때 마시면 좋다.

레몬밤

상큼한 레몬향이 기운을 북돋워주는 허브

Lemon Balm

기대할 수 있는 효능

진정 · 진통작용, 소화촉진, 해열 · 해독작용, 강장작용

＊요리와 음료에 사용하면 상쾌한 맛을 내준다.

학명 | Melissa officinalis

과명 | 꿀풀과

이용 부위 | 잎

레몬밤에서 레몬향이 나기는 하지만 산미가 없고 순해서 홍차나 다른 허브와 혼합해 마시기 딱 좋다. 특히 레몬 계열이나 민트 계열 허브와 궁합이 잘 맞는다. 어떤 허브와 조합해도 맛있게 마실 수 있다. 요리에 넣는 것도 추천한다. 샐러드나 수프에 레몬의 향미를 살짝 더하고 싶을 때 사용한다.

기분을 밝게 만들어서 '기운이 나는 허브'로 알려졌으며, 진정 효과와 신경의 피로를 없애주는 데도 효과적이다. 발한작용 및 해열, 해독 효과가 있어서 감기 초기에 차로 마시면 좋다. 꿀이나 로열젤리처럼 높은 강장효과도 있다.

네틀

익숙한 풀 향기가 나는 허브로 화분증에 효과적

Nettle

기대할 수 있는 효능

화분증 증상 완화, 빈혈 예방, 관절염 완화, 부인병 대책

*생(生)네틀의 가시에 찔리지 않도록 주의한다.

학명 | Urtica dioica

과명 | 쐐기풀과

이용 부위 | 잎

네틀은 화분증에 효과가 있다고 하여 주목을 받고 있다. 원래부터 알레르기성 질환 치료에 사용되던 허브로, 실제로 증상이 가벼워진 사례도 보고된 바 있다. 코 막힘이나 눈물 등 화분증으로 고생하는 사람이라면 시험 삼아 마셔보는 것도 좋겠다.

　네틀 차에서 나는 익숙한 향은 호지차에서 나는 풀 향기와 비슷하다. 비타민과 미네랄을 듬뿍 함유하고 있어서 화분증 외에도 다양한 효능을 발휘한다. 철분도 풍부해서 빈혈 예방 및 부인병에 효과적이다. 또한, 요산을 배출해주므로 관절염, 습진, 통풍에도 효과가 있다. 혈당치를 낮추는 효능도 인정을 받았다.

유칼립투스

감기 및 화분증의 다양한 증상을 완화

Eucalyptus

기대할 수 있는 효능

소염 · 항균작용, 화분증 증상 완화, 호흡기계 질환에 효과

*에센셜 오일은 공기 정화에 자주 사용된다.

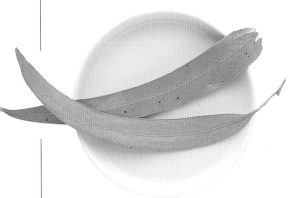

학명 | Eucalyptus globulus

과명 | 도금양과

이용 부위 | 잎

유칼립투스는 코알라가 좋아하는 식물로 유명하다. 살균 효과와 항바이러스 작용이 뛰어나고 인후통 및 염증을 완화해서 목캔디의 원료로 쓰인다. 물론 차로 마셔도 이 효능은 동일하게 작용해서, 감기나 독감에 의한 코막힘이나 목의 통증을 완화하고 콧물이나 눈 충혈 같은 화분증 증상도 억제한다. 에센셜 오일은 공기 정화에 자주 사용된다.

　유칼립투스 차에는 적긴 하지만 장뇌와 비슷한 독특한 향이 있다. 익숙해지면 싱그러운 초원이 연상되는 향미를 느낄 수 있다. 익숙하지 않거나 너무 거슬릴 때는 다른 차와 섞어도 되고 꿀을 조금 넣어서 마셔도 괜찮다.

Part 6

Flavored Tea

가향차

향료 등을 넣어서 향을 입힌 홍차는 색다른 맛을 즐길 수
있다. 계절에 따라 좋아하는 향을 골라서 맛을 음미해보자.

얼그레이

베르가모트 향이 이국적인 기품 넘치는 홍차

Point

향긋한 베르가모트 향은 아이스티에 잘 어울린다. 밀크티로 만들어도 독특한 향미가 살아있어서 색다른 맛을 즐길 수 있다.

Earl Grey

가향차는 홍차에 향을 입힌 차를 말한다. 수많은 가향차 중 가장 널리 알려진 것이 얼그레이다. 이 차의 이름은 그레이 백작에게서 유래했는데, 1830년대 중국을 방문했던 영국 사절단이 중국에서 가져온 아주 진한 향기의 찻잎을 당시 수상이었던 그레이 백작에게 헌상했고, 이를 마음에 들어한 백작은 사절단을 통해 중국의 레시피를 배워 영국에서도 똑같이 만들도록 차 상인에게 명했다. 이렇게 완성된 차는 백작의 이름을 따서 얼그레이가 되었다.

얼그레이는 중국차를 베이스로 한 블렌드 찻잎에 베르가모트 향을 입혀 만든다. 이 독특한 향미는 중국의 홍차 랍상소우총(108쪽 참조)에 풍미를 부여하는 용안의 향을 흉내 낸 것이다. 중국에서 영국으로 건너온 랍상소우총이 엄청난 인기를 끌자 차 판매상들은 같은 맛을 재현하고자 했다. 그러나 그 향이 중국 특산 과일로 시트러스 계열의 향을 지닌 용안이라는 사실은 끝내 알아내지 못했다. 그래서 비슷한 향을 찾은 결과 용안이 아닌 베르가모트를 사용하게 되었다. 베르가모트는 감귤과의 과일로 감귤류 특유의 상큼한 향이 난다.

이러한 배경을 놓고 보면 중국산 찻잎을 사용하는 것이 본래의 얼그레이라고 할 수 있다. 그러나 확실하게 규정된 정의가 없다 보니 무난하고 조합하기 쉬운 스리랑카산 찻잎을 섞거나 중국산 찻잎을 전혀 사용하지 않는 제조사도 있다. 오렌지 껍질이나 매리골드 꽃을 넣는 곳도 있다.

사과

새콤달콤한 향과 가벼운 느낌으로 인기

Apple

Point

사과의 향을 만끽할 수 있는 스트레이트 티를 추천한다. 밀크티로 만들어서 사과파이나 사과케이크를 곁들이면 각각의 사과 맛이 훨씬 풍부해진다.

사과의 달콤하고 산뜻한 향미 덕분에 인기 가향차로 완전히 자리 잡았다. 사과 향 홍차는 크게 두 가지로 나뉜다. 하나는 단맛이 곧바로 느껴지는 청사과(아오리) 계열이고, 또 하나는 새콤달콤함이 두드러진 빨간사과 계열이다. 두 가지 모두 목 넘김이 좋으며, 친근하고 부드러운 맛이 특징이다. 맛이 연한 편이니 진하게 마시고 싶으면 찻잎을 넉넉하게 넣어서 우린다.

단순하게 사과향 에센스를 넣은 것도 있고, 향미를 더 진하게 느낄 수 있도록 말린 사과 껍질을 넣은 것도 있다. 찻잎은 조합하기 쉬운 실론차를 많이 사용한다.

밤

촉촉한 달콤함이 느껴지는, 가을에 어울리는 차

Marron

Point

우유나 설탕과 궁합이 잘 맞아 밀크티로 마시기를 추천한다. 브랜디를 몇 방울 떨어뜨려서 풍미를 더 살린 다음 마시는 방법도 있다.

평온한 가을날의 티타임에 잘 어울리는, 밤 향이 가미된 홍차 마롱 티(maroon tea). 길거리에서 파는 군밤이나 설탕에 절인 밤인 마롱글라세가 떠오르는 촉촉한 맛, 낙엽이 연상되는 향긋함과 진한 단맛이 특징이다.

　따끈하고 깊이가 느껴지는 밤의 단맛을 충분히 흡수시키면서 또 각각의 장점도 살리기 위해 묵직한 인도의 아삼이나 스리랑카산 찻잎을 많이 사용한다. 수색도 비교적 진한 편이어서 한눈에 봐도 가을 느낌 물씬 풍기는 차분한 인상이다. 우유와 궁합이 좋으니 커다란 머그잔에 홍차와 우유를 가득 담아서 마시면 좋다.

거봉

달콤하고 화려한 포도의 왕

Kyoho Grape

Point

향이 풍부하고 맛은 산뜻해서 스트레이트 티가 어울린다. 아이스티로 만들면 카랑카랑한 맛이 사라지면서 뜨거울 때와는 또 다른 맛을 즐길 수 있다.

포도는 향긋하고 과즙이 많은 과일이다. 그중에서도 거봉은 야성적이라고 할 수 있을 만큼 풍부한 향과 뛰어난 맛을 지녔다. 일본에서 개발한 포도 품종으로 포도의 왕이라고도 불린다.

이런 거봉의 에센스를 첨가한 홍차 역시 싱싱하고 달콤한 향을 특징으로 한다. 은은하게 감도는 새콤한 맛이 상쾌한 목 넘김과 톡 쏘는 향미를 더욱 돋보이게 해준다. 거봉의 특징을 최대한 끌어낼 수 있는 스리랑카산 찻잎을 주로 사용한다. 식어도 질리지 않는 맛이 있어서 훌훌 마시기도 좋고 차분하게 향미를 음미하면서 마시기도 좋다. 그때그때 기분에 맞춰 즐길 수 있는 가향차다.

캐러멜

캐러멜 캔디 같은 달콤하고 부드러운 차

Caramel

Point

크림처럼 부드러워서 우유와 잘 어울린다.
밀크티로 마시기를 추천한다. 묵직한 과일
케이크나 파운드케이크를 곁들이면 좋다.

추운 겨울, 특히 크리스마스 시즌이 되면 어김없이 캐러멜 가향차가 등장한다. 달콤하고 밀키한 향은 아이들도 좋아하고, 왠지 모르게 정겨운 느낌에 어른들도 좋아해서 파티에 내놔도 손색이 없는 차다. 홍차 본연의 맛을 즐기는 것이 영국식이라면, 이렇게 독특한 향을 다양하게 조합하는 스타일은 프랑스식이다. 캐러멜향 홍차도 프랑스에서부터 시작되었다고 한다.

제조사에 따라 맛은 다르지만, 전체적으로 향이 강해서 스모키한 인상마저 느껴진다. 주로 감칠맛이 도는 인도의 아삼 CTC찻잎이나 무난한 스리랑카산을 사용하는데, 반대로 개성을 드러내고 싶을 때는 중국산을 사용하는 경우가 많다.

유자

감귤류다운 산뜻한 맛이 상쾌하다

Yuzu

Point

설탕이나 우유를 넣지 않고 스트레이트 티로 맛보는 것이 가장 좋다. 티 푸드로는 시폰 케이크나 쇼트케이크, 경단 등 무겁지 않은 종류가 잘 어울린다.

유자와 홍차, 쉽게 떠올릴 수 있는 조합은 아니다. 대개 유자차 단독으로 차를 만들거나, 얇게 저며 소금이나 설탕에 절임을 해서 먹거나, 즙을 내어 드레싱으로 먹기 때문이다. 게다가 가향차라고 하면 대개 촉촉한 과일의 향이나 달콤한 캐러멜 향이 나는 홍차를 떠올리게 마련이다.

그러나 유자와 홍차는 놀라울 만큼 잘 어우러져서 좋은 의미로 반전을 보여준다. 유자 향은 나지만 너무 도드라지지 않고 상당히 부드러운 인상을 준다. 같은 시트러스 계열의 레몬이나 오렌지에 비하면 새콤함이 전면으로 드러나지 않아서 오히려 친숙해지기 좋은 맛이다. 찻잎에 유자 에센스 외에 껍질을 넣은 제품도 있다.

복숭아

촉촉하고 달콤한 복숭아 향으로 기분 전환

Peach

Point

느긋하게 티타임을 즐기고 싶을 때 마시기 가장 좋은 가향차다. 포근하게 감싸주는 듯 한 향기가 긴장을 풀어줘서 초조하거나 밤 에 잠이 오지 않을 때 마셔도 좋다.

황홀할 정도로 달콤한 향이 나는 복숭아 홍차는 수많은 가향차 중에서도 가장 인기가 많다. 복숭아 특유의 달 콤하고 촉촉하며, 풍성하고 부드러운 향이 기분을 한껏 끌어올려준다. 일반적으로 잘 익은 복숭아가 떠오르는 달콤한 에센스를 첨가하지만, 복숭아의 어린잎을 혼합하여 풋풋한 백도의 이미지를 떠올리게 하는 신선한 느 낌의 제품도 있다.

　복숭아의 부드러운 인상에 맞춰 가벼운 느낌의 찻잎을 사용한다. 무난한 스리랑카산 찻잎 베이스에 인도네 시아산과 케냐산 등을 블렌딩하여 순하게 만든 제품이 많다. 맛보다는 향을 즐기는 차이므로 넉넉히 우려서 향미를 충분히 즐긴다.

About Blended Tea

블렌드 홍차에 대해서

판매되는 홍차는 대부분 블렌딩한 차다. 전문가의 기술로 배합한 찻잎은 늘 안정된 품질의 맛을 보여준다. 블렌드 홍차에 대해 살펴보자.

향이 풍부한 애프터눈 티. 스콘 등을 곁들여서 오후의 티타임을 즐긴다.

홍차 전문점에서 찻잎을 계량하여 파는 경우를 제외하고, 미리 포장된 제품은 모두 블렌딩된 차라고 할 수 있다. 품질을 일정하게 유지하기 위함인데, 홍차도 농작물에 해당해서 계절과 기후의 영향을 받기 때문이다. 맛과 향의 균형을 잡는 것도 블렌딩을 하는 중요한 이유다. 한편 각 나라의 수질에 맞게 홍차를 블렌딩하는 경우도 있다. 같은 홍차라도 연수로 우렸을 때와 경수로 우렸을 때 맛이 완전히 달라진다.

물론 개인이 직접 블렌딩할 수도 있다. 하지만 상품화되어 나온 홍차는 제조사의 오랜 연구와 전문 블렌더의 탁월한 기술로 배합된 것이니만큼 언제 마셔도 한결같은 맛을 보여준다. 블렌드 홍차는 여러 제조사에서 다양한 제품을 생산하기 때문에 종류가 상당히 많다. 이 책에서는 대표적인 블렌드 홍차를 소개한다.

로열 블렌드(Royal Blend)

많은 제조사에서 출시하는 블렌드이다. 이름은 조금씩 다르지만, 로열 블렌드라는 단어가 들어간 차는 우아하고 균형 잡힌 맛을 특징으로 한다. 로열 블렌드를 간판상품으로 판매하는 곳도 많다. 다르질링과 아삼 등의 인도 차에 스리랑카 찻잎을 섞은 것이 주류를 이룬다.

잉글리시 브렉퍼스트(English Breakfast)

아침식사에 마시기 위해 만들어진 차다. 잠을 깨우는 용도에 걸맞게 진한 맛으로 블렌딩되었다. 머리와 몸을 각성시키기 때문에 진한 맛을 선호한다. 영국인들이 주로 마시는 밀크티에 어울리는 배합이다. 인도와 스리랑카의 찻잎이 주된 베이스지만 케냐 찻잎을 사용한 제품도 있다.

애프터눈 티(Afternoon tea)

오후에 한숨 돌리고 싶을 때 마시기 좋은 차다. 향이 풍부해서 스트레이트 티로 마셔도, 밀크티로 마셔도 맛있다. 케이크나 비스킷, 샌드위치 등을 곁들여서 편안하게 휴식을 즐겨보자.

Part 7

Tea arrangement recipe

홍차 베리에이션 레시피

홍차에 과일이나 술, 각종 음료를 넣으면 새로운 맛이 탄생한다. 이 책에 소개한 레시피 이외에도 여러 가지 재료로 다양하게 만들어보자.

러시안 티

Russian Tea

베리에이션 티의 대명사로 추운 겨울에 생각나는 홍차

재료(2인분)	만드는 법
홍차 잎(아삼. 닐기리. 자바 등) – 5g **끓는 물** – 300mL **잼**(새콤달콤한 맛) – 30g **보드카** – 적당량	① 홍차 잎에 끓는 물을 붓고 홍차를 우린다. ② 찻잔에 홍차를 따른다. 잼과 적당량의 보드카를 취향대로 섞고, 숟가락에 얹어 홍차와 함께 낸다. * 곁들인 잼을 핥아먹으며 홍차를 마시거나. 홍차에 잼을 넣어 마시면 된다. 딸기잼처럼 단맛과 신맛이 모두 뚜렷하게 느껴지는 잼을 고른다.

다르질링 냉침

상쾌하고 향이 진한 다르질링 특유의 청량함이 특징

재료(2인분)	만드는 법
홍차 잎(다르질링 퍼스트 플러시) – 5g 상온의 물 – 400mL	① 뚜껑이 있는 용기에 홍차 잎과 물을 담아 냉장고에 넣는다. ② 2~3시간 뒤 수색이 완전히 우러나면 완성이다. * 유리컵을 냉장고에서 차게 식혀 두었다가 마실 때 사용하면 다르질링의 청량함이 한층 더 돋보인다. 하룻밤 두면 깊은 맛이 우러나 더욱 맛있어진다. 티 푸드로 물양갱이나 딸기를 곁들이면 좋다.

자몽 세퍼레이트 티 Separate Grapefruit Tea

술술 넘어가는 산뜻하고 상쾌한 아이스티

재료(2인분)

홍차 잎(닐기리, 캔디) – 10g

끓는 물 – 260mL

그래뉴당(또는 설탕) – 30g

자몽주스 – 70mL

얼음 – 적당량

십자썰기 한 자몽 – 여러 조각

민트 잎 – 적당량

만드는 법

① 홍차 잎에 끓는 물을 붓고 홍차를 진하게 우린다.

② 차 거름망으로 찻잎을 걸러낸 뒤 그래뉴당을 넣고 녹인다.

③ 얼음을 가득 담은 유리컵에 단숨에 붓는다.

④ 자몽주스를 살며시 부어준다.

⑤ 민트 잎과 자몽 조각으로 장식한다.

* 설탕의 양이 많을수록 비중 차이가 커져서 층이 확실하게 분리된다. 타닌이
   적은 찻잎을 사용하면 쉽게 탁해지지 않아서 보기도 깔끔하다.

로열 아이스티

Royal Iced Tea

우유와 생크림의 풍부한 감칠맛

재료(2인분)

홍차 잎(닐기리, 캔디) – 10g

끓는 물 – 260mL

그래뉴당(또는 설탕) – 30g

우유 – 60mL

생크림 – 20mL

얼음 – 적당량

민트 잎 – 적당량

만드는 법

① 홍차 잎에 끓는 물을 붓고 홍차를 진하게 우린 다음 그래뉴당을 넣고 녹인다.

② 얼음을 가득 담은 유리컵에 단숨에 붓는다.

③ 되직하게 거품 낸 부드러운 생크림을 올려 윗면을 덮어준다.

④ 우유를 살살 부은 뒤 민트 잎으로 장식한다.

* 우유와 생크림을 넣기 때문에 맛과 향이 뚜렷하고 진한 홍차를 만드는 것이 포인트다.

티 스쿼시

Tea Squash

무더운 여름에 어울리는, 톡톡 터지는 상큼함

재료(2인분)

홍차 잎 – 8g

끓는 물 – 100mL

탄산수 – 100mL

자몽주스, 오렌지주스(합해서) – 30mL

설탕 – 20g

얼음 – 적당량

민트 잎 – 적당량

십자썰기 한 자몽, 오렌지 – 여러 조각

만드는 법

① 홍차 잎에 끓는 물을 붓고 홍차를 우린다.

② 차 거름망으로 거른 뒤 설탕을 넣고 녹인다.

③ 얼음을 가득 담은 유리컵에 단숨에 붓는다.

④ 자몽주스와 오렌지주스, 탄산수를 부어준다.

⑤ 민트 잎과 자몽, 오렌지로 장식한다.

* 자몽과 오렌지는 레몬 등의 다른 감귤류 과일로 대체할 수 있다. 과일 대신 생강즙을 넣어도 괜찮다.

Hot Tea ────────────────

베리 티

Berry Tea

동양적이고 신비스러운 맛이 느껴지는 차

재료(2인분)

홍차 잎 – 5g

끓는 물 – 300mL

베리류 과일(딸기, 블루베리, 라즈베리 등) – 적당량

브랜디 – 30mL

설탕(또는 꿀) – 적당량

만드는 법

① 준비한 베리에 브랜디와 설탕을 넣고 전자레인지에서 30초 정도 가열하여 맛이 골고루 배게 한다.

② 홍차 잎에 끓는 물을 붓고 홍차를 진하게 우린다.

③ 찻잔 두 개에 ❶에서 만들어둔 베리를 나누어 담고 우린 홍차를 부어준다.

* 전자레인지를 쓰지 않을 때는 베리를 살짝 으깨어 만든다.

프루츠 티

Fruits Tea

여러 가지 과일 맛을 마음껏 음미

재료(2인분)	만드는 법
홍차 잎 − 4g **끓는 물** − 300mL **과일**(사과, 오렌지, 딸기 등) − 적당량	① 따뜻하게 데운 티 포트에 홍차 잎과 잘게 썬 과일을 넣고 끓는 물을 부은 다음 뚜껑을 덮어 충분히 우린다. ② 찻잔에 차를 따르고 과일을 띄운다. 입맛에 따라 꿀 등으로 단맛을 더한다. * 우릴 때 사과 껍질을 넣으면 향이 훨씬 좋아진다. 과일을 너무 많이 넣으면 찻물 온도가 내려가서 찻잎과 과일의 맛이 충분히 우러나지 않으므로 주의한다.

그레나딘 티

빛깔은 아름답고 맛은 산뜻한 차

재료(2인분)	만드는 법
홍차 잎 – 4g	① 홍차 잎에 끓는 물을 붓고 홍차를 진하게 우린다.
끓는 물 – 150mL	② 얼음을 가득 담은 유리컵에 그레나딘 시럽을 넣고 ❶에서 우린 홍차를 붓는다.
그레나딘 시럽* – 30mL	③ 비중 차이 때문에 두 층으로 나뉜다. 여기에 자몽주스를 부어준다.
자몽주스(또는 레몬주스) – 10mL	
얼음 – 적당량	

※ 당밀에 석류를 넣어 만든 선홍색의 시럽으로 과일 시럽 중 칵테일을 만들 때 가장 많이 쓰인다.

초콜릿 차이

Chocolate Chai

진한 차이와 달콤한 초콜릿의 절묘한 매치

재료(2인분)	만드는 법
A 홍차 잎(CTC 타입 또는 브로큰 타입) – 6g	① A의 재료로 192~193쪽을 참고하여 차이를 만들고, 초콜릿 시럽을 넣어 잘 녹인다.

재료(2인분)

A   홍차 잎(CTC 타입 또는 브로큰 타입) – 6g
     우유 – 150mL
     끓는 물 – 150mL
     시나몬 스틱 – 적당량
     카다몬 – 적당량
초콜릿 시럽 – 2큰술
생크림 – 약간
아몬드 슬라이스 – 약간
코코아 파우더 – 약간

만드는 법

① A의 재료로 192~193쪽을 참고하여 차이를 만들고, 초콜릿 시럽을 넣어 잘 녹인다.

② 찻잔에 따르고 휘핑한 생크림을 얹은 뒤에 살짝 볶은 아몬드 슬라이스와 코코아 파우더를 뿌려준다.

* 차이를 먼저 맛있게 잘 만들어야 이 차도 맛있다. 코코아 파우더 대신 판 초콜릿을 조금 올려도 된다.

Iced Tea

티 칵테일

Tea Cocktail

우아한 분위기를 연출하는 무알코올 음료

재료(2인분)

홍차 잎(얼그레이) – 8g

끓는 물 – 100mL

얼음 – 적당량

오렌지주스 – 약간

설탕 – 약간

만드는 법

① 칵테일 잔 테두리에 오렌지주스를 묻히고 설탕을 바른다.

② 홍차 잎에 끓는 물을 붓고 홍차를 진하게 우린다.

③ 칵테일 세이커에 우린 홍차와 얼음을 넣고 잘 흔들어서 ❶의 잔에 따른다.

＊ 칵테일 잔 테두리에 묻힌 설탕의 달콤한 맛과 차향을 동시에 즐길 수 있다.

캐모마일 밀크티

Chamomile Milk Tea

몸을 따뜻하게 해주어서 감기 예방에도 좋다

재료(2인분)	만드는 법
홍차 잎(무난한 맛) – 3g **말린 캐모마일** – 2티스푼 **뜨거운 물** – 150mL **우유** – 150mL	① 밀크팬에 뜨거운 물, 홍차 잎, 말린 캐모마일을 넣고 불에 올린다. 잘 우러나면 우유를 넣는다. ② 차 거름망으로 거르면서 찻잔에 따른다. ＊ 몸을 따뜻하게 해주어서 감기 초기 또는 몸 상태가 안 좋을 때 마시면 도움이 된다. 취향에 따라 꿀을 넣거나 리커리스 차를 넣어도 괜찮다.

유자 홍차

Yuzu Tea

상큼한 향과 깔끔한 맛을 즐긴다

재료(2인분)	만드는 법
홍차 잎(닐기리, 딤불라, 캔디) – 5g **끓는 물** – 300mL **유자 껍질** – 적당량	① 따뜻하게 데운 티 포트에 홍차 잎과 유자 껍질을 넣고 끓는 물을 부은 다음 뚜껑을 덮고 충분히 우린다. ② 찻잔에 따르고 작은 유자 껍질 조각을 띄운다. ＊ 단맛이 부족할 때는 입맛대로 꿀을 추가한다. 진하게 우려서 우유를 넣어도 맛있다.

생강 홍차

Ginger Tea

미용과 건강에 효과가 있는 생강 홍차

재료(2인분)	만드는 법
홍차 잎 – 5g 뜨거운 물 – 300mL 얇게 썬 생강 – 약간	① 뜨거운 물에 홍차 잎과 생강을 넣고 우린다. ② 찻잔에 따른 뒤 생강을 띄운다. ＊ 단맛을 더하고 싶을 때는 설탕보다 꿀을 추천한다.

망고 티

Mango Tea

트로피컬 무드 만점의 달콤하고 상큼한 차

재료(2인분)	만드는 법
홍차 잎(닐기리, 아삼) – 6g 끓는 물 – 150mL 살짝 으깬 망고 – 2큰술 라임즙 – 조금 얼음 – 적당량 얇게 썬 라임 – 여러 조각	① 망고에 라임즙을 뿌린다. ② 홍차 잎에 끓는 물을 붓고 홍차를 진하게 우린다. ③ 유리컵에 ❶의 망고와 얼음을 가득 넣고, 우린 홍차를 부어준다. ④ 라임을 띄우고 손잡이가 긴 티스푼과 함께 낸다. ＊ 망고는 잘 익은 것을 고른다. 망고 대신 딸기처럼 즙이 많은 과일로도 만들 　 수 있다.

홍차 펀치

Tea Punch

파티 분위기를 돋워주는 화려한 드링크

재료(2인분)	만드는 법
홍차 잎(아삼, 닐기리, 실론) – 10g	① 194~195쪽을 참고하여 홍차 잎, 끓는 물, 설탕, 얼음으로 아이스티를 만든다.
끓는 물 – 250mL	
그래뉴당(또는 설탕) – 30g	② 레드와인과 레몬즙을 넣는다.
얼음 – 적당량	③ 과일을 먹기 좋은 크기로 썰고, ❷에서 만든 음료에 넣는다.
레드와인 – 50mL	④ 유리컵에 따르고 탄산수도 추가한 다음 과일을 띄우고 민트 잎으로 장식한다.
레몬즙 – 30mL	
탄산수 – 적당량	* 파티를 할 때는 큼직한 펀치볼에 만들면 좋다. 바나나와 멜론은 색이 잘 변하므로 넣지 않는다.
과일(사과, 블루베리, 딸기, 라즈베리, 오렌지 등) – 적당량	
민트 잎 – 적당량	

넛츠 티

Nuts Tea

여성에게 좋은 견과류가 듬뿍 들어간 건강 레시피

재료(2인분)	만드는 법

A 홍차 잎(CTC 타입 또는 브로큰 타입) – 6g
    끓는 물 – 150mL
    우유 – 150mL
견과류(호두, 아몬드, 잣 등 무염 견과류) – 적당량
	① 192~193쪽을 참고하여 A의 재료로 향신료를 넣지 않은 차이를 만든다.
	② 견과류를 살짝 볶아서 향을 돋운 다음 으깨준다.
	③ 만들어둔 차이에 견과류를 넣고 찻잔에 따른다.
	* 견과류를 넣으면 감칠맛과 풍미가 좋아지고 영양가 높은 음료가 된다.

바나나 티

Banana Tea

바나나 파르페가 연상되는 진한 단맛

재료(2인분)

홍차 잎(닐기리, 캔디 등) – 8g

끓는 물 – 200mL

그래뉴당(또는 설탕) – 20g

바나나 – 1개

얼음 – 적당량

생크림 – 조금

만드는 법

① 홍차 잎에 끓는 물을 붓고 진하게 우린다. 그래뉴당을 넣고 녹인다.

② 바나나는 장식용으로 쓸 1/3만 남기고 페이스트 상태로 만든다.

③ 유리컵에 페이스트 상태의 바나나와 얼음을 듬뿍 넣고 ❶의 홍차를 부어준다.

④ 가볍게 휘핑한 생크림을 올리고 장식용 바나나를 얇게 썰어 장식한다.

* 바나나는 굵게 다져서 씹는 맛을 살려도 되고, 완전히 페이스트 상태로 걸쭉하게 만들어도 맛있다.

사과 홍차

Apple Tea

사과의 새콤달콤한 향미가 부드럽게 퍼진다

재료(2인분)	만드는 법
홍차 잎 – 6g 끓는 물 – 300mL 사과 껍질 – 적당량	① 따뜻하게 데운 티 포트에 홍차 잎과 사과 껍질을 넣고 끓는 물을 부은 다음 뚜껑을 덮고 충분히 우린다. ② 차 거름망으로 거르면서 찻잔에 따른다. * 홍옥처럼 향긋한 사과가 좋다. 사과 껍질을 넣으면 온도가 낮아지므로 티 포트는 충분히 데우고 팔팔 끓은 물을 사용한다.

웨딩 티

Wedding Tea

술을 넣어 만든 어른들을 위한 음료

재료(2인분)

홍차 잎(다르질링, 기문, 랍상소우총 등) – 6g

끓는 물 – 200mL

우유 – 100mL

깔루아 – 60mL

생크림 – 약간

식용금박 – 약간

만드는 법

① 홍차 잎에 끓는 물을 붓고 홍차를 우린다.

② 찻잔에 따뜻하게 데운 우유, 깔루아, 우려낸 홍차를 담는다.

③ 휘핑한 생크림을 띄우고 금박으로 장식한다.

* 특별히 향이 강한 찻잎을 사용하는 것이 포인트다. 결혼식 피로연 등 특별한 날에는 칵테일글라스에 담아내면 더욱 잘 어울린다.

커피 홍차

Coffee Tea

커피의 향긋함과 홍차의 개성이 완벽하게 매치

재료(2인분)	만드는 법
홍차 잎(랍상소우총) – 6g 뜨거운 물 – 400mL 굵게 분쇄한 커피 – 10g	① 드립 방식으로 커피를 내리고 포트에 옮겨 담는다. ② 뜨거울 때 홍차 잎을 넣고 뚜껑을 덮어 우린다. ③ 차 거름망으로 거르면서 찻잔에 따른다. * 취향에 따라 무가당 연유 또는 꿀을 넣는다. 굵게 분쇄한 커피 대신 인스턴트커피를 사용해도 된다. 티 푸드는 콩테(comté)나 미몰레트(mimolette) 등의 경질치즈를 추천한다.

맛있게 마시고 건강해지자

홍차의 효능   *Health Benefits of Tea*

커피나 녹차처럼 홍차도 기호품으로 알려졌지만, 과거에는 약으로 취급되었다. 영국에서도 처음 홍차를 판매하기 시작할 때는 아플 때 마시면 잘 듣는 특효약으로 소개했다고 한다. 당시는 홍차의 효능이 과학적으로 증명되기 전이었다. 다만 중국에서 건너왔다고 하니 신비로운 영약으로 지레짐작되어 소문이 퍼져나간 것이다. 현대에 와서 홍차의 성분 분석이 이루어지면서 다양한 효능도 밝혀지게 되었다.

졸음을 쫓고 피로를 해소

각성 작용 및 피로 해소 효과가 있는 카페인을 많이 함유한 음료라고 하면 커피를 떠올리겠지만, 홍차에도 카페인이 들어있다. 일어나자마자 홍차를 마셔 잠을 깨우기도 하고, 업무나 운동 후에 마셔 피로감을 해소할 수도 있다. 음료 상태의 카페인 함량은 커피가 홍차의 약 5배지만, 원료 찻잎과 비교하면 홍차에 카페인이 더 많다.

감기를 예방

홍차에 들어있는 카테킨(catechin)이 항균, 살균작용을 해서 감기 및 독감 예방에 도움이 된다. 그러나 마시기만 해서는 그 효과를 충분히 얻을 수 없다. 진하게 우려서 입 안을 헹구면 카테킨이 바이러스를 억제하여 감염을 예방하는 효과를 기대할 수 있다.

식후에 마시면 소화를 촉진

홍차에 함유된 카페인은 위액 분비를 촉진해 소화를 도와준다. 식후에 한 잔 마시면 기분 전환은 물론이고 몸에도 좋은 영향을 미친다.

충치 예방에도 효과

많은 양은 아니지만 홍차에는 불소도 들어있다. 즉 충치 예방효과를 기대할 수 있다는 이야기다. 식후에 스트레이트 티로 마시면 좋다.

다이어트에도 효과만점

홍차는 칼로리가 거의 없는 천연 알칼리성 음료로 칼로리 걱정 없이 매일 마실 수 있다. 카페인을 섭취한 뒤 운동을 하면 피하지방부터 먼저 연소된다고 한다. 또한, 카페인의 이뇨작용은 노폐물을 빠르게 체외로 배출시켜 다이어트에 도움이 된다.

눈의 피로를 풀어준다

홍차에 함유된 카테킨과 비타민류는 피로한 눈에도 효과가 있다. 마시고 난 티백을 얼음물이나 냉장고에 넣어 식힌 뒤 물기를 짜고 눈꺼풀 위에 얹어주면 눈의 피로를 풀어주고 상쾌한 느낌까지 덤으로 얻을 수 있다.

냄새를 제거

홍차는 주변의 냄새를 금방 흡수하므로 냉장고에 보관하지 않는다. 냄새를 흡수하는 성질을 거꾸로 이용하여 냉장고나 신발장, 옷장 탈취제로 사용할 수 있다. 또한, 생선이나 고기를 조리한 다음 도마를 세척하고 손을 씻을 때 홍차를 사용하면 냄새가 제거된다.

헤어 트리트먼트 대신에 이용

헤어 케어에도 홍차는 효과를 발휘한다. 흰 머리를 염색하고 난 뒤 홍찻물로 머리카락을 헹구면 색상이 한결 예쁘게 마무리된다. 아울러 홍차에 함유된 타닌이 단백질과 결합해서 상한 머리카락을 복구해준다. 한편 카페인에는 피부를 탄력 있게 조여주는 효과가 있다.

긴장완화 효과

홍차는 마시기만 해도 긴장완화 효과를 얻을 수 있지만, 발상을 전환해서 입욕제 또는 에센셜 오일 대용으로 사용하는 것도 추천한다. 홍차가 지닌 풍부한 향이 스트레스를 완화해준다.

Part 8

How to make Tea

홍차를 맛있게 우리는 법

모든 과정을 엄격하게 따를 필요는 없지만, 홍차를 맛있
게 우리는 순서는 익혀두면 좋다. 기본을 배우고 나면
여러 가지 차를 손쉽게 만들 수 있다.

홍차를 맛있게 우리는 비결

홍차를 맛있게 마시려면 우리는 방법을 알아야 한다. 조금만 주의를 기울여도 한결 맛있는 홍차를 만들 수 있다. 이것이 바로 '골든룰(Golden Rule)'이며, 이 기본을 완전히 익히면 손쉽게 맛있는 홍차를 즐길 수 있다.

골든룰 1
좋은 찻잎을 쓴다

맛있는 홍차를 내리는 첫걸음은 우선 양질의 찻잎을 고르는 일이다. 비싼 찻잎을 사라는 이야기가 아니다. 마트 등에서 구매할 때는 제조일자가 오래되지 않았거나 유통기한이 길게 남은 차를 고른다. 홍차 전문점에서 직접 보고 살 때는 광택이 있으며 형태가 온전한 것을 선택한다. 궁금한 점은 직원에게 물어본다. 시음할 수 있으면 직접 마셔보는 것이 가장 좋다.

골든룰 2
찻잎의 양을 정확히 계량한다

찻잎의 양을 정확하게 재는 것도 중요하다. 정확하지 않으면 차 맛이 들쑥날쑥하게 된다. 기본적으로 한 잔을 우릴 때 찻잎 2g을 넣는다. 캐디스푼(티메이저)를 사용하면 한 숟가락이 조금 안 되는 양이고, 티스푼으로는 정확하게 한 숟가락이다. 찻잎이 크면 조금 많이, 반대로 찻잎 크기가 작으면 적게 넣는다. 또한, 몇 잔을 우리는지에 따라서 양을 조절한다. 다섯 잔이 넘으면 1인분에 해당하는 찻잎의 양을 조금 줄인다.

골든룰 3
티 포트를 사용한다

홍차를 우릴 때는 반드시 티 포트를 사용한다. 티 포트에 끓는 물을 부었을 때 일어나는 대류 현상으로 인해 찻잎이 움직이면서 부드럽고 맛있는 홍차가 완성된다. 이것을 점핑이라고 부른다. 티 포트는 동그란 형태가 좋다. 그리고 찻잎을 넣기 전에 티 포트에 뜨거운 물을 부어 예열해두면 홍차의 향이 한결 좋아진다.

골든룰 4
새로 받은 물을 끓인다

의외라고 생각할지 모르지만, 홍차에 적합한 물은 새로 받은 수돗물이다. 미네랄 성분이 적고 공기를 함유한 물이 홍차가 지닌 향미를 잘 끌어내기 때문이다. 시판 미네랄워터를 쓸 때는 미네랄이 적은 연수를 고르고, 가볍게 흔들어서 산소가 들어가게 한 다음 사용한다. 또 하나의 포인트는 물을 충분히 끓이는 것이다. 하지만 너무 오래 끓이면 공기가 달아나버리므로 지름 2~3cm의 거품이 생기면서 물 표면이 보글거리기 시작하면 재빨리 티 포트에 옮겨 부어준다.

골든룰 5
찻잎을 충분히 우린다

티 포트에 끓는 물을 붓고 나면 뚜껑을 덮고 적정 시간 동안 천천히 우린다. 이렇게 하면 홍차의 성분이 제대로 우러나 맛있는 홍차가 완성된다. 작은 잎은 3분, 큰 찻잎은 5분 동안 우리는 것이 기본이다. 시계를 이용해서 시간을 정확하게 재도록 한다. 온도가 내려가면 대류 현상이 잘 일어나지 않는다. 그래서 티 포트의 온도를 유지하는 방법으로 티 매트를 깔고 티 코지를 씌워서 보온한다.

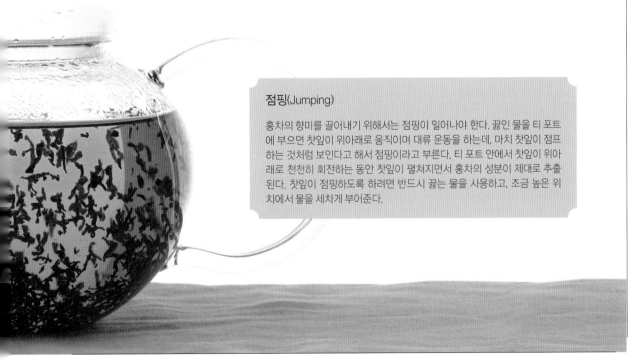

점핑(Jumping)

홍차의 향미를 끌어내기 위해서는 점핑이 일어나야 한다. 끓인 물을 티 포트에 부으면 찻잎이 위아래로 움직이며 대류 운동을 하는데, 마치 찻잎이 점프하는 것처럼 보인다고 해서 점핑이라고 부른다. 티 포트 안에서 찻잎이 위아래로 천천히 회전하는 동안 찻잎이 펼쳐지면서 홍차의 성분이 제대로 추출된다. 찻잎이 점핑하도록 하려면 반드시 끓는 물을 사용하고, 조금 높은 위치에서 물을 세차게 부어준다.

스트레이트 티 우리는 법

홀 리프로 우리는 스트레이트 티는 모든 홍차의 기본이다.
그다지 어렵지 않으니 먼저 이 방법부터 제대로 익혀둔다.

적합한 홍차(홀 리프 타입)

다르질링, 기문, 닐기리 등 길게 꼬인 찻잎

적합한 홍차(브로큰 타입)

우바, 딤불라

1
티 포트와 찻잔을 데운다

맛있는 홍차를 우리기 위해서는 물
온도가 매우 중요하다. 티 포트와
찻잔이 차가우면 홍차가 지닌 풍부
한 맛과 향이 잘 우러나지 않으니
주의한다.

2
찻잎을 넣는다

찻잎을 계량해서 티 포트에 넣는다.
한 잔(150mL)에 티스푼 하나 분량이
기준이다.

3
끓는 물을 붓는다

충분히 끓인 물을 가능한 높은 위치에서 세차게 부어준다. 1℃라도 온도가 내려가지 않도록 티 포트를 주전자 가까이에 둔다.

4
티 코지를 씌운다

티 포트 뚜껑을 덮고 티 코지를 씌운다. 티 포트의 온도를 유지시키는 것이 맛있는 홍차를 만드는 방법 중 하나다.

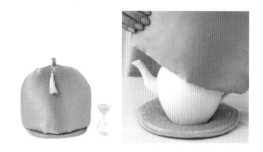

5
찻잎을 우린다

모래시계 등을 사용해서 시간을 정확하게 잰다. 홀리프 타입은 5분 이상 우린다. 꼬인 찻잎이 펼쳐지면 다 된 것이다. 브로큰 타입 찻잎은 3분을 기준으로 우린다.

6
가볍게 저어준다

다 우러나면 일단 티 포트 뚜껑을 열고 가볍게 저어준다. 농도를 고르게 하려는 목적이므로 아주 가볍게만 젓는다.

7
차 거름망으로 거르면서 찻잔에 따른다

따뜻하게 데워 둔 찻잔에 차 거름망으로 찻잎을 거르면서 따른다. 골든 드롭이라고 부르는 마지막 한 방울까지 따라준다.

밀크티 우리는 법

스트레이트 티를 능숙하게 우릴 수 있게 되면 응용 단계로 넘어간다.
쉽게 만들 수 있는 친숙한 밀크티에 도전해보자.

적합한 홍차

아삼, 우바, 케냐 등 브로큰 타입 찻잎

1
스트레이트 티를 만든다

188~189쪽을 참고해서 스트레이트 티를 우린다.

2
우유를 넣는다

상온의 우유를 부어준다. 우유는 데우지 않아도 된다.
우유와 설탕의 양은 취향대로 넣는다.

레몬티 우리는 법

레몬티는 카페에서 변함없는 인기를 자랑하는 음료다.
레몬 향기와 홍차는 궁합이 잘 맞는다. 레몬티를 맛있게 만들어보자.

> **적합한 홍차**
>
> 캔디, 닐기리

1
스트레이트 티를 만든다

188~189쪽을 참고해서 스트레이트 티를 우린다.

2
레몬을 넣는다

레몬을 살며시 넣는다. 레몬을 오래 담그지 않고 향기만 옮기는 정도로 재빨리 꺼내는 것이 포인트다.

차이 우리는 법

인기가 급상승하면서 차이는 밀크티의 대명사 같은 존재가 되었다.
부드러운 단맛과 어우러진 향신료의 향은 한마디로 정의하기 어려운 맛이다.

1
밀크팬에 물을 넣는다

밀크팬에 물을 넣고 불을 켠다.

2
향신료를 넣는다

물이 끓으면 시나몬 스틱을 손으로 잘라서 넣는다.
이어서 숟가락 뒷면으로 살짝 으깬 카다몬을 넣는
다. 향신료는 좋아하는 것을 넣으면 된다.

적합한 홍차
아삼

재료

물과 동량의 우유
카다몬 – 적당량
시나몬 스틱 – 적당량
설탕 – 적당량

3
찻잎을 넣는다

1인분(티스푼 하나/3g)보다 조금 많게, 인원수에 맞춰
찻잎을 넣는다.

4
우유를 넣고 끓인다

우유를 넣고 넘치지 않도록 주의하면서 한소끔 끓인다. 끓
어오르면 불을 줄이고 가끔 냄비를 불에서 내렸다 올렸다
하면서 끓인다. 30초~1분 정도면 색이 한층 진해진다.

5
설탕을 넣는다

원하는 분량의 설탕을 넣는다. 조금 많은 듯
이 넣어야 맛있다.

6
차 거름망으로 거르면서 찻잔에 따른다

완성된 차이를 차 거름망으로 거르면서 찻잔에 따른다.

아이스티 우리는 법

아이스티는 여름에 빼놓을 수 없는 홍차다. 하지만 집에서 만들면 뿌옇게 탁해지기 일쑤다.
이런 현상을 방지하려면 급랭하는 것이 포인트다.

> **적합한 홍차**
>
> 얼그레이, 딤불라, 캔디, 닐기리

맛있는 아이스티를 만드는 비결

홍차가 뿌옇게 탁해지는 현상을 크림다운(cream down)이라고 한다. 특히 아이스티를 만들 때 자주 일
어나는데, 찻잎에 들어있는 타닌과 카페인이 차가워지면서 응고하여 일어난다. 크림다운을 방지하
려면 얼음을 가득 넣은 유리컵에 뜨거운 홍차를 단숨에 부어 급격하게 온도를 낮춰야 한다. 타닌이
적은 찻잎을 사용하는 것도 하나의 방법이다. 이미 크림다운이 일어났을 때는 뜨거운 물을 아주 조
금 부어주면 된다.

1
티 포트를 데운다

티 포트에 끓인 물을 붓고 데운다.

2
찻잎을 넣는다

티 포트의 뜨거운 물을 버리고 찻잎을 계량해서 넣는다.

3
뜨거운 물을 붓는다

끓는 물을 붓는다. 이때 물의 양은 일반적인 스트레이트 티를 우릴 때보다 절반 정도 적게 붓는다(단맛을 내고 싶으면 뜨거운 물을 부은 다음 설탕을 넣는다).

4
우린다

찻잎을 우린다. 타닌이 너무 많이 우러나지 않도록 짧게 우린다.

5
차 거름망으로 거르면서 컵에 따른다

유리컵에 얼음을 가득 넣고 차 거름망으로 홍차를 거르면서 부어준다. 탁하지 않은 아이스티를 만드는 비결은 단숨에 부어 급랭하는 것이다.

행주와 수건으로 티 매트와 티 코지를 대신한다

맛있는 홍차를 우리려면 온도에 가장 신경 써야 한다. 끓는 물을 부은 티 포트에 티 코지를 씌우고 티 매트 위에 올려놓는 이유는 1℃라도 온도를 떨어뜨리지 않기 위해서다. 만약 티 매트와 티 코지가 없다면 행주와 수건으로 충분히 대신할 수 있다.

티백으로 우리는 법

평소 티백으로 홍차를 마시는 사람도 많을 것이다.
인스턴트라는 생각이 들기도 하지만, 비결을 알면 놀랄만큼 맛있게 우릴 수 있다.

1
찻잔을 데운다

찻잔에 끓인 물을 붓고 데운다.

2
티백을 넣는다

잔 안의 뜨거운 물을 버리고 끓인 물을 다시 부은 다음, 찻잔 가장자리에서 티백을 살짝 넣어준다.

3
찻잔 받침으로 덮는다

향이 달아나지 않도록 찻잔 받침을 곧바로 덮어준
다. 받침은 찻잔에 딱 맞기만 하면 앞면이든 뒷면이
든 상관없다.

4
우린다

1분 정도 우린다. 티백의 찻잎은 잘아서 짧게 우려도
충분하다.

5
잔 받침을 치운다

찻잔 받침을 살며시 치운다. 이때 윗부분의 수색은 연하고 아
랫부분은 진하게 두 층으로 나뉘어 있다면 잘 우러난 상태다.

6
티백을 살살 흔든다

티백을 몇 번 살살 흔든 다음 꺼낸다.

NG

숟가락으로 티백을 짜지 않는다

홍차의 맛을 끝까지 끌어내려고 숟가락 뒷면으로 티백을 짜
기도 하는데, 이렇게 하면 쓴맛이 나와서 홍차 맛이 떨어진
다. 또한, 티백은 색이 잘 우러나므로 한 잔에 티백 한 개만
우리는 것이 기본이다.

허브차 우리는 법

건강에 좋고 홍차와 블렌딩해도 잘 어울려서 허브의 인기는 해마다 높아지고 있다.
허브차를 맛있게 우리는 방법을 알면 폭넓게 활용할 수 있다.

> **허브와 섞기 적합한 홍차**
> ─────────────
> 아삼, 딤불라, 캔디

1
데워 둔 티 포트에 허브를 넣는다

티 포트에 끓인 물을 붓는다. 티 포트가 데워지면 물을 버리고 허브를 넣는다.

2
뜨거운 물을 붓는다

티 포트에 뜨거운 물을 붓는다.

3
티 코지를 씌운다

티 포트 뚜껑을 덮고 티 코지를 씌운다.

4
우린다

줄기 · 열매 · 씨앗으로 만든 허브는 3분 정도 우린다.
꽃이나 잎으로 된 허브와 줄기 · 열매 · 씨앗으로 만
든 허브가 섞인 차는 추출시간이 더 긴 후자(줄기 · 열
매 · 씨앗으로 만든 허브)에 맞춰서 3분 정도 우려낸다.

5
찻잔에 따른다

찻잔에 따른다. 허브가 자잘한 경우에는 차 거름망으
로 거르면서 따라준다.

TIP
꽃이나 잎으로 만든 허브는 짧게 우린다
꽃이나 잎으로 만든 허브차를 우릴 때 추출에 걸리는 시간
은 불과 1분 정도다. 티 포트에 붓는 순간부터 추출이 시작
되므로 짧게 우린다.

차 우리는 방법을 마스터했다면 이번에는 여러 가지 찻잎을 비교해보자.

테이스팅

홍차의 달인에 한 걸음 가까워지고 싶다면

홍차를 즐기는 방법에는 여러 가지가 있는데, 상급자 정도 되면 찻잎을 비교해보며 마셔보는 것도 흥미로울듯하다. 홍차라고 한 단어로 표현하지만, 산지와 다원, 제다법, 시즌 등이 다르면 맛과 향도 달라지기 때문이다. 테이스팅할 때는 각각의 찻잎마다 개별 다기를 사용하고, 찻잎의 양, 물의 양, 우리는 시간 등 모든 조건을 똑같이 맞춘다. 테이스팅 전용 다구도 구매할 수 있다.

1
컵에 찻잎을 넣는다
테두리에 톱니 모양의 홈과 손잡이가 있는 컵에 찻잎을 넣는다.

2
뜨거운 물을 붓는다
끓인 물을 붓는다.

3
뚜껑을 덮는다.
물을 붓고 곧바로 뚜껑을 덮는다.

테이스팅용 다구. 수색을 잘 볼 수 있는 흰색이다. 티 포트를 사용하지 않아도 컵에 찻잎과 뜨거운 물을 넣고 그대로 우릴 수 있도록 톱니 모양의 홈이 난 것이 특징이다.

4
우린다
모래시계 등을 사용하여 시간을 재면서 우린다.

5
홍차를 얕은 잔에 따른다
컵 뚜껑을 손으로 고정하고 얕은 컵에 따른다.

6
마지막 한 방울까지 남김없이 따른다
골든 드롭이라고 하는 마지막 한 방울까지 다 따른다.

7
추출한 찻잎을 뚜껑 위에 얹는다
다 따르고 나면 찻잎을 뚜껑 위에 얹는다. 여러 종류
를 한꺼번에 테이스팅할 때는, 먼저 홍차의 수색을
비교한 다음 맛과 향 그리고 우려낸 뒤 남은 찻잎의
상태를 비교한다.

맛있는 홍차를 우린다

홍차 도구

맛있는 홍차를 우리기 위해서는 도구 선택도 중요하다. 티 포트와 차 거름망은 필수 아이템이다. 이 두 아이템을 제외하고는 이미 가지고 있는 것 중에서 대체 가능한 도구도 있다. 하지만 귀여운 디자인의 홍차 전용 도구가 많으니, 하나씩 수집하는 재미도 느껴보자.

티 포트(tea pot)

가장 중요한 아이템이다. 찻잎이 완전히 펼쳐지려면 점핑이 잘 일어나는 동그란 형태가 좋다. 작은 2인용짜리부터 8인분 정도 차를 우릴 수 있는 대형 티 포트까지 있다.

캐디스푼(caddy spoon)

한 잔 분량의 기준을 알 수 있는 찻잎 계량용 숟가락이다. 화려한 디자인이 많아서 우아한 티타임을 연출하고 싶을 때 안성맞춤이다. (오른쪽 : 로레이즈티, 하단 3개 : 리플)

Tea Accessories

차 거름망(strainer)

필수 아이템이다. 스트레이너라고도 불리는 이 도구는 찻잎을 우려서 잔에 따를 때 걸러주는 역할을 한다. 손잡이가 긴 것, 컵에 걸쳐서 사용하는 것 등, 모양도 다양하다. (위 : 로레이즈티, 오른쪽과 아래 : 리풀)

모래시계(sandglass)

홍차 우리는 시간을 재는 용도로 쓰인다. 없으면 요리용 타이머를 사용해도 된다. 찻잎 크기가 크면 5분짜리(오른쪽), 자잘한 찻잎은 3분짜리(왼쪽)를 사용한다.

크리머(creamer)

밀크 피처(milk pitcher)라고도 한다. 우유를 담아 테이블에 올려두고 원하는 만큼 직접 따라 마신다.

Tea Accessories

블렌더(tea blender)

상급자용 아이템이다. 직접 찻잎을 블렌딩하고 싶을 때
사용한다. (로레이즈티)

케이크 스탠드(cake stand)

케이크와 샌드위치, 스콘 등을 얹어서 제대로 된 애프터
눈 티 테이블을 연출한다.

티스푼(teaspoon)

홍차에 설탕이나 우유를 넣고 섞는 용도의 숟가락이다.
커피스푼보다 조금 더 크다. 비교해보면 확실히 알 수 있
는데 위쪽이 티스푼, 아래가 커피스푼이다.

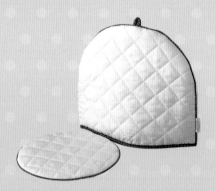

티 코지 & 티 매트(tea cozy & tea mat)

티 포트의 보온효과를 높여준다. 티 포트의 형태에 맞는
것을 고른다. 행주나 수건으로 대체할 수 있다(195쪽).

Part 9

Catalogue of
brand-name tea

브랜드별
홍차 카탈로그

수많은 홍차 브랜드 중에서 35개의 추천 브랜드를
소개한다. 하나씩 도전해보자.

웨지우드

고급 양식기 브랜드에서 만드는 고품격 홍차

WEDGWOOD

파인 스트로베리(Fine Strawberry)
잎차. 실론차와 중국차를 블렌
딩하고 딸기향을 입혀 만들었
다. 자연스럽고 신선한 향이 풍
부하게 느껴지는 홍차다.

웨지우드는 영국 도자기의 아버지로 불리는 조사이어 웨지우드(Josiah Wedgwood)가
1759년 설립했다. 현재는 영국을 비롯한 전 세계에서 사랑받는 고급 양식기 브랜
드 가운데 하나가 되었다. 특유의 광택과 견고함이 돋보이는 본차이나(bone china)
는 세계 여러 나라에서 높은 평가를 받으며 영국의 홍차 문화에 크게 공헌했다.

1991년부터 홍차를 판매하기 시작하여 2018년에는 한차례 리뉴얼을 진행했다.
엄선된 찻잎을 모던한 패키지에 담은 홍차는 기품 넘치는 맛과 향을 즐길 수 있
다. 홍차와 어울리는 잼, 쇼트브레드 등의 티 푸드에까지 영역을 확장하여 홍차
문화를 전면적으로 전개해 나가고 있다.

http://www.wedgwoodkorea.com

트와이닝

300년이 넘는 역사를 자랑하는 영국 최고(最古)의 홍차 브랜드

TWININGS

퀄리티 레이디 그레이(Quality Lady Grey). 얼그레이 베이스에 오렌지와 레몬 껍질, 수레국화꽃을 넣어 화려한 향과 우아한 맛이 돋보이는 오리지널 블렌드다.

트와이닝은 영국에서 가장 오랜 역사를 지닌 홍차다. 1706년에 토머스 트와이닝(Thomas Twining)이 런던 스트랜드가에 톰스 커피하우스(Tom's Coffee House)를 열면서 그 역사가 시작되었다. 이후 홍차를 마시는 문화가 영국 내에 퍼지자 1717년에는 홍차 전문점 골든 라이온(Golden Lion)을 개업했다. 이곳이 입소문을 타면서 순식간에 인기 홍차 브랜드로 자리 잡았다.

그 뒤로 빅토리아 여왕과 에드워드 7세, 엘리자베스 여왕에 이르기까지, 대를 이어 왕실에 차를 납품하는 공식 납품업자가 되었다. 오랜 세월 축적된 지식과 기술을 이어받은 마스터 블렌더가 전통을 지키는 한편으로 홍차의 새로운 '맛'과 '설렘'을 창조해 나가고 있다.

https://www.twinings.co.uk
https://cafeinside.co.kr (공식수입처: ㈜에스앤피인터내셔널)

일동 홍차(日東紅茶)

일본인의 기호에 맞는 홍차를 꾸준히 생산

Nittoh

일본 최초의 국산 홍차 브랜드다. 1927년 일본산 캔 홍차를 발매하면서 사업을 시작했다. 1938년에는 히비야에 정원식으로 꾸민 티하우스를 열고 일본에 홍차 문화를 전파했다. 1982년에 홍차로는 처음으로 세계적인 식품 콩쿠르 몽드셀렉션(Monde Selection)*에서 금상을 받았다. 오랜 경험과 성과를 바탕으로, 변함없이 일본의 홍차 문화를 선도해 오고 있다.

스리랑카와 인도, 케냐 등에서 직수입한 찻잎을 전문 티 테이스터가 감정하고 블렌딩한다. 스트레이트 티를 즐겨 마시고 떫은맛이 적은 차를 선호하는 일본인의 취향을 고려하여, 한결같이 맛있는 홍차를 공급하고 있다.

일동 홍차를 대표하는 오리지널 블렌드, 데일리 클럽(Daily Club). 매일 마셔도 질리지 않는 맛이 장점이다. 스트레이트 티와 밀크티 모두 맛있다.

http://www.nittoh-tea.com

* 1961년 벨기에에서 설립된 59년의 전통을 지닌 세계 품질평가 기관

포숑

깐깐한 고급 식료품점이 보증하는 높은 품질

FAUCHON

간판상품 애플티를 비롯하여 계절마다 다양한 가향차를 출시한다. 사진은 2018년의 New Tea Collection.

파리가 자랑하는 포숑은 전 세계적으로 유명한 고급 식료품점이다. '맛있는 것이라면 무엇이든 있다'라는 슬로건에 걸맞게, 미식가도 울고 갈 전 세계의 맛있고 품질 좋은 식자재가 빼곡하다.

홍차의 구성 또한 훌륭하다. 가향차 분야에서 정평이 났으며, 그중에서도 애플티(Apple Tea)는 절대적인 인기를 얻고 있다. 이 애플티는 포숑이 선보인 첫 번째 가향차로, 발매되자마자 호평을 받으며 간판상품으로 자리매김했다. 찻잎의 품질은 두말할 나위 없다. 엄선한 찻잎에 향을 입힌 가향차는 계절감이 물씬 풍기는 제품을 많이 선보이고 있으며 선물로도 제격이다.

https://www.fauchon.kr

마리아주 프레르

세련된 분위기가 감도는 프랑스의 홍차 전문점

MARIAGE FRERES

대표작 마르코 폴로(Marco Polo). 마리아주 프레르의 이름을 세상에 알린 명품이다. 과일과 꽃향기가 마음을 평온하게 해주는 가향차다.

프랑스에서 가장 오래된 홍차 전문점으로, 1854년 마리아주 형제가 창업했다. 마리아주 가문은 루이 왕조의 사절단으로서 동양으로 건너가 프랑스 교역의 기초를 쌓았다. 홍차에 관한 깊은 지식과 애정은 그때부터 이미 자리를 잡았다.

마리아주 프레르의 특징은 풍부한 상품 구성에 있다. 약 35개국에서 엄선한 명차는 500종에 달하며, 좀처럼 보기 힘든 태국과 미얀마의 차도 구할 수 있다. 가향차 종류만도 150종 이상이나 된다. 매장에 가면 친절한 티 마스터의 안내에 따라 초심자도 부담 없이 꼼꼼하게 취향에 맞는 차를 살펴볼 수 있다. 찻잎의 무게를 달아 구매하는 것도 가능하며, 오리지널 다기 등도 판매한다.

https://www.mariagefreres.com

립톤

무난한 맛과 뛰어난 밸런스가 돋보이는 전 세계의 베스트셀러

Lipton

립톤의 대명사 립톤 옐로 라벨 티백. 피라미드 형태의 티백은 찻잎이 훨씬 넓은 공간을 움직여서 맛을 최대한 끌어낼 수 있다.

홍차가 본격적으로 퍼지기 시작한 19세기 말, 토마스 립톤(Thomas Johnstone Lipton)은 많은 사람이 질 좋은 홍차를 부담 없이 마실 수 있도록 안정된 품질의 홍차를 공급하겠다는 목표를 세운다. 1890년에 실론(현재의 스리랑카)의 드넓은 다원을 사들인 뒤 "다원에서 직접 티포트로(Direct from the Tea Gardens to the Tea Pot)"라는 슬로건을 내걸고 차나무 재배부터 생산까지 체계적으로 관리하는 시스템을 구축하여 홍차를 전 세계에 보급하는 데 성공했다.

1907년 발매된 노란색 캔은 세계적인 베스트셀러가 되었다. 현재는 브랜드 설립 당시부터 출시해온 블렌드 홍차 라인을 옐로 라벨(Yellow Label)이라는 개별 라인으로 구분하며, 립톤의 간판상품으로 사랑받고 있다.

http://www.liptontea.com
공식수입처: 유니레버코리아 (http://www.unilever.co.kr)

루피시아

찻잎의 다채로운 변주 그리고 계절감 넘치는 아이템이 가득

LUPICIA

로제 로열(ROSÉ ROYAL). 화사한 스파클링 와인 향과 어우러진 달콤한 딸기 향이 상큼하고 우아한 맛의 홍차와 완벽한 조화를 이룬다. 루피시아를 대표하는 가향차다.

인도와 스리랑카의 홍차를 비롯한 녹차, 우롱차, 허브차까지, 연간 400종류 이상의 아이템을 취급하는 일본 최대규모의 티 브랜드이다. 산지와 시즌별로 세분해서 판매한다. 세계 여러 나라의 산지에서 찻잎을 직접 대량으로 사들여서 철저한 품질 관리 하에 자사 공장에서 제품화한다. 선도 유지에도 세심한 주의를 기울이고 있다.

루피시아에서 개발하고 제조하는 다양한 오리지널 블렌드 티와 가향차에도 눈길이 간다. 계절감 넘치는 개성적인 맛의 차부터 지역 한정으로 판매하는 차까지, 고르는 재미도 느낄 수 있다. 도쿄 지유가오카의 본점을 포함해서 국내외 150곳 이상의 매장을 운영하며, 기존 스타일에 구애받지 않는 다채로운 차의 매력을 전 세계에 퍼뜨리고 있다.

https://www.lupicia.com

리풀

엄선한 다르질링으로 많은 팬을 사로잡다

Leafull

http://shop.leafull.co.jp

1988년 창업 이후, 퀄리티 시즌 다르질링을 중심으로 여러 나라의 다원에서 품질 좋은 찻잎만을 엄선하여 취급하는 일본의 티 브랜드이다. '리풀'이라는 이름은 '맛으로 가득한 다양한 찻잎'이라는 의미가 담겨 있다. 인도와 네팔의 다원에 직접 찾아가 여러 차례 회의와 테이스팅을 거듭하여 엄선한 찻잎은 현지 전문가에게도 높은 평가를 받았다. 거래처인 일류 호텔 및 레스토랑에서도 평판이 좋으며, 선물용으로도 인기다. 홍차와 혼합해도, 단독으로 마셔도 맛있는 허브도 30종류 이상 취급하며, 중국차에도 눈을 돌리고 있다.

다양한 종류와 품질로 정평이 난 리풀의 다르질링 캔. 홍차 애호가들이 좋아하는 퍼스트 플러시도 여러 가지가 있다. 사진은 '성마 차이나 플라워리 퍼스트 플러시 DJ-1' 제품.

에디아르

빨간색 패키지가 인상적인 프랑스의 고급 홍차

HEDIARD

https://www.hediard.fr

1854년 페르디난드 에디아르(Ferdinand Hediard)는 파리의 마들렌 광장에 세계 여러 나라에서 수입한 과일과 홍차, 향신료를 취급하는 식료품점 '에디아르'를 열었다. 저명인사와 사교계 사람들에게 사랑받으며, 프랑스의 일류 상점으로만 구성된 코미테 콜베르(콜베르 위원회)에 식료품점으로는 유일하게 선정되었다. 에디아르의 홍차는 블렌딩 기술을 이어받은 뛰어난 블렌더의 손에서 만들어진다. 소재 본연의 맛이 제대로 살아 있으면서 조화로운 고품질의 홍차를 맛볼 수 있다.

에디아르 블렌드(Hediard Blend), 향이 진한 지극히 프랑스적인 제품. 베르가모트, 오렌지, 레몬. 이렇게 세 종류의 감귤계 향을 입힌 개성 넘치는 홍차다.

신주쿠 다카노

정부 승인 전문점에서 인도 홍차의 정수를 느낀다

SHINJUKU TAKANO

http://takano.jp/

과일 전문점으로 유명한 신주쿠 다카노는 인도정부홍차국(Tea Board India)에서 인정받은 제품을 취급하는 인도 홍차 전문점으로도 조금씩 이름을 알리고 있다. 지정된 다원의 홍차 외에도 다양한 퀄리티 시즌의 찻잎을 판매한다. 신주쿠 다카노의 홍차에는 팁이라고 부르는 노란색 싹이 섞여 있는데, 이것이 바로 인도에서 직수입한 고급 찻잎이라는 사실을 보여준다. 신주쿠역 근처에 있는 본점에는 일본홍차협회 소속의 티 인스트럭터가 상주하여 홍차 내리는 방법이며 마시는 법 등을 설명해준다.

다르질링 다카노 골드라벨(Darjeeling TAKANO gold label). 감칠맛과 향, 톡 쏘는 향미가 절묘하다. '홍차의 샴페인'에 걸맞은 다르질링의 독특한 향미를 느낄 수 있다.

달마이어

제품군이 더욱 풍성해진 독일 명문 브랜드

Dallmayr

https://www.dallmayr.com

달마이어는 1700년에 창업한 독일의 식료품점이다. 40년 경력의 전문가가 하루 300잔 가까이 시음할 만큼 맛에는 정평이 나 있다. 홍차 애호가라면 누구나 탐낼 만한, 품격 높은 다원에서 정통 제법으로 생산한 찻잎을 비롯해 슈퍼푸드 모링가(moringa)로 만든 과일 허브차, 시간대에 맞춰 몸과 마음을 다독일 수 있는 향기가 첨가된 피라미드 티백 형태의 웰니스 티(wellness tea) 등 상품 구성이 다양하다.

모링가 디톡스(Moringa Detox). 인도 및 열대지방에서 기적의 나무로 알려진 모링가를 넣은 과일 허브차로 부드럽고 순하다. 시트러스의 신선한 향을 즐길 수 있다.

퐁파두르

다양한 고품질 허브차의 선구자

POMPADOUR

퐁파두르는 1882년 창업한 독일의 차 제조사 티칸에서 1913년에 새롭게 선보인 허브차 및 과일차 브랜드다. 효능과 맛이라는 두 마리 토끼를 모두 잡은 새로운 허브차와 과일차를 꾸준히 발표하며 이 분야에서 세계 최대 규모를 자랑한다. 허브 본연의 맛과 향, 색상, 영양분을 최대한 끌어낼 수 있는 더블 챔버 티백(Double-Chamber Teabag)*을 사용해 만든 허브차는 풍부한 제품군에 간편함까지 겸비하여 초심자부터 애호가에 이르는 폭넓은 사랑을 받고 있다.

미각을 깨워주는 산뜻한 향과 상쾌한 풍미가 특징인 페퍼민트(Peppermint). 기분 전환이 필요할 때 또는 식후에 마시면 좋다. 전 세계에서 즐겨 마시는 대중적인 허브다.

* 긴 티백 종이를 반으로 접은 형태로 되어 있어 4면을 통해 차를 우려내기 때문에 2면의 티백보다 더욱 풍부한 맛을 빨리 낼 수 있다.

팔레데떼

홍차 마니아가 모여서 만든 깐깐한 부티크

PALAIS DES THÉS

프랑스 파리 몽파르나스에 홍차 전문가와 애호가가 모여 문을 연 홍차 전문점으로, 팔레데떼는 '차의 궁전'이라는 뜻이다. 1987년 창업한 홍차 브랜드 세계에서는 신생 기업이지만, 세계 각지에서 엄선한 최고급 찻잎을 취급하여 홍차 마니아의 두터운 신뢰를 얻었다. 꽃과 과일 향을 첨가해 만드는 가향차는 상품 구성이 다양하다. 기본에 충실한 제품은 물론 홍차와 녹차를 혼합하는 등의 참신한 블렌드도 주목할만하다.

http://www.palaisdesthes.com
http://www.samwontnb.co.kr (공식수입처: ㈜삼원티앤비)

블루 오브 런던(Blue of London). 최고급 운남 홍차를 베이스로 하여 만든 얼그레이. 향이 진하고 부드러워서 동양의 신비로움이 느껴지는 홍차다.

리즈웨이

오랫동안 사랑받는 여왕님의 블렌드

Ridgways

리즈웨이는 블렌드 홍차로 유명한 영국 브랜드다. 가격과 품질이 불안정하던 19세기 초, 창업자 토머스 리즈웨이(Thomas Ridgway)가 공정한 가격으로 고품질 찻잎을 판매하기 위해 홍차 블렌딩에 도전하여 큰 주목을 받았다. 창업 이후 끊임없이 새로운 블렌드를 세상에 선보였으며, 1886년에는 마침내 왕실 납품업자로 인정을 받았다. 그때 헌상된 H.M.B(Her Majesty's Blend)는 지금도 많은 사랑을 받는 상품이다.

빅토리아 여왕에게 헌상된 리즈웨이의 스테디셀러 H.M.B. 다르질링, 아삼, 실론을 블렌딩하여 기품 넘치는 향과 감칠맛이 뛰어난 제품이다.

http://www.ridgwaystea.co.uk
http://cafeinside.co.kr
(공식수입차: ㈜에스앤피인터내셔널)

더 이스트 인디아 컴퍼니

17세기 당시의 전통 블렌드 홍차를 현대에 재현

THE EAST INDIA COMPANY

영국 여왕 엘리자베스 1세의 칙명을 받아 설립되어 17세기 영국에 처음으로 홍차를 들여온 유서 깊은 브랜드다. 1832년에 독점 판매권을 잃기 전까지 전 세계의 홍차 시장을 독점하다가 1874년에 해산되었다. 이후 1978년 홍차 문화를 부활시키기 위해, 현재의 회사가 허가를 받고 당시의 문장(紋章)과 트레이드마크, 심벌을 물려받았다. 17세기 당시의 블렌딩을 재현한 홍차를 판매한다. 패키지 디자인에서도 회사와 홍차의 역사, 그리고 문화까지 한꺼번에 느낄 수 있다.

https://www.theeastindiacompany.com

전통 레시피를 바탕으로 만든 스턴튼 얼그레이(The Staunton Earl Grey). 엄선한 중국 찻잎에 오렌지꽃 에센스 오일과 베르가모트 오일을 블렌딩했다.

이토엔 티가든

'차 나무는 하나'라는 슬로건 아래 다종다양한 차를 판매한다

ITOEN TEA GARDEN

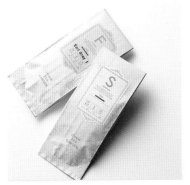

일본차로 유명한 이토엔에서 2001년 홍차와 중국차를 판매하는 이토엔 티가든의 문을 열었다. '차 나무는 하나'라는 슬로건을 내세우고 전 세계에서 엄선한 홍차, 중국차, 일본차, 무카페인 차를 한데 모은, 말 그대로 종합 차 전문점이다. 계절에 어울리는 가향차와 귀한 화홍차(和紅茶)도 다양하게 준비되어 있다. 맛과 향, 떫은맛의 개성이 모두 다른 찻잎 중에서 취향과 쓰임새에 맞는 차를 발견하는 재미가 쏠쏠하다.

http://teashop.itoen.co.jp/shop

세계 유산인 야쿠시마에서 농약과 화학비료를 사용하지 않고 키운 찻잎으로 만든 야쿠시마 홍차(앞). 떫은맛이 적고 단맛이 느껴지는 홍차다. 스트레이트 티로 마시면 좋다.

고베홍차

일본의 홍차 시장을 선도하는 브랜드

KOBE TEA

고베는 옛날부터 세계로 열린 항구도시로서 외국 문화가 가장 먼저 들어온 곳이다. 또한, 일본 내 홍차 소비량 1위를 차지한 도시이기도 하다. 바로 그곳에서 탄생한 고베 홍차는 일본에서 최초로 티백을 제조하여 홍차 보급에 공헌한 회사다. 걸출한 홍차 제조사로서 높은 기술력과 품질을 확립해왔다. 전 세계 산지에서 제 시기에 수확한 고급 찻잎을 수입하여 일본의 수질에 맞춰 블렌딩한 홍차는 초심자부터 마니아까지 모두가 좋아할 맛이다.

http://www.kobetea.co.jp

진하고 자극적인 떫은맛을 특징으로 하는 '잉글리시 브렉퍼스트' 티백. 우유를 듬뿍 넣어 마시는 것이 가장 맛있다.

르 꼬르동 블루

프랑스 명문 요리학교의 향긋한 홍차로 즐기는 우아한 시간

LE CORDON BLEU

1895년 파리에 설립된 르 꼬르동 블루는 프랑스가 자랑하는 권위 있는 요리학교다. 컬리너리 아트(Culinary art, 재료 고르기부터 공간 연출까지 망라하는 요리의 기술과 지식)와 호스피탈리티(hospitality, 호텔, 관광, 여행, 공항, 레저 등의 다양한 산업 분야에서 고객 감동을 생산하는 서비스업을 지칭) 교육기관으로서 높은 평가를 받고 있으며, 현재 세계 20개국에 약 35개의 분교가 있다. 르 꼬르동 블루의 이름이 붙여진 홍차는 전 세계에서 엄선한 찻잎을 숙련된 기술로 블렌딩하여 만든 정성의 산물이다. 잎차와 더불어 티백도 출시되어 제대로 된 맛의 홍차를 간편하지만 우아하게 즐길 수 있다.

중국과 스리랑카산을 혼합한 찻잎에 상큼한 베르가모트 향을 입힌 얼그레이. 상쾌한 향을 즐길 수 있는 스트레이트 티 또는 아이스티로 마신다.

로네펠트

고급 호텔에 걸맞은 고품질 홍차를 제공한다

Ronnefeldt

1823년 요한 토비아스 로네펠트(Johann Tobias Ronnefeldt)가 설립한, 195년의 역사를 지닌 독일의 홍차 제조사다. 품질이 뛰어난 찻잎에 충분한 시간과 노력을 쏟아 깊은 맛의 홍차를 생산한다. 전통 있는 최고급 호텔에 납품하는 등 유럽을 비롯한 전 세계 사람들에게 사랑받아 왔다. 품질과 서비스를 중시하는 브랜드답게 홍차에 대한 지식을 갖추고 제대로 된 상품설명이 가능한 곳에서만 판매하도록 독자적인 판매처 인증제도를 마련하였다.

http://www.ronnefeldt.co.kr

가향 녹차 모르겐타우(Morgentau). 중국 녹차에 장미꽃잎, 망고 향을 혼합한 것으로 많은 나라에서 사랑받고 있다.

애프터눈 티 티룸

한 잔의 홍차가 선사하는 일상의 작은 여유

Afternoon Tea TEAROOM

http://www.afternoon-tea.net

홍차 외에 주방용품이나 다구로도 유명한 일본의 홍차 브랜드. 오후에 잠시 짬을 내어 홍차를 즐기는 영국의 애프터눈 티처럼, 평범한 일상에 '새로운 발견' 혹은 '두근두근 설레는 시간'을 선사하고 싶다는 마음을 담아 1981년에 탄생한 티룸이다. 일본 전역에 약 90개의 매장이 있다. 오리지널 블렌드 티 외에도, 계절에 맞춰 전 세계 산지에서 선별해 온 양질의 찻잎으로 만든 계절 한정 가향차가 특히 인기다.

애프터눈 티 블렌드. 아삼의 감칠맛과 닐기리의 상쾌한 향미가 산뜻하게 다가온다. 식사에도 잘 어울리는 무난함에 초점을 맞춘 오리지널 블렌드다.

로얄 코펜하겐[*]

최고급 찻잔에 어울리는 높은 퀄리티의 홍차

ROYAL COPENHAGEN

https://www.royalcopenhagen.jp

로얄 코펜하겐은 1775년 율리아나 마리아 황태후의 후원을 받아 덴마크 왕실에 납품하는 도자기 제작소로 설립되었다. 그 후 '최고급 식기에 어울리는 고급스러운 맛'을 주창하며 오리지널 차와 구오메이(gourmet) 상품이 탄생했다.[*]

인도와 스리랑카에서 퀄리티 시즌에 채엽한 홍차는 맛과 색깔, 향기가 모두 다르지만 하나같이 최고급 상품이다. 그야말로 로얄 코펜하겐의 명성에 걸맞은 명품으로 가득하다.

아삼과 다르질링을 베이스로 한 로얄 코펜하겐 블렌드. 진한 아삼에 다르질링을 넣어서 순한 맛과 상큼한 맛이 느껴진다. 전체적으로 튀지 않고 산뜻하다.

[*] 로얄 코펜하겐에서 직접 차를 생산하는 것이 아닌, 일본에서 로열티를 지급하고 생산하는 형태이다.

민튼[*]

민튼의 전통을 이어받은 기품 넘치는 홍차

MINTON

https://kyoeiseicha.co.jp/

1793년 토마스 민튼(Thomas Minton)이 창업한 도자기 브랜드다. '테이블 웨어의 귀부인'으로 불릴 만큼 디자인이 우아하고 아름다워서, 빅토리아 여왕이 전 세계에서 가장 아름다운 본차이나라고 찬사를 보낼 정도였다. 홍차 패키지에도 사용된 하든홀(Haddon Hall)은 민튼 도자기의 대표작이다. 하든홀 성의 유서 깊은 태피스트리 장식에서 영감을 받아 디자인되었다고 한다. 민튼 홍차 역시 테이블웨어와 마찬가지로 섬세하고 우아한 맛을 지녔다.

일본산 찻잎을 사용해서 만드는 '화홍차'가 등장했다. 향이 달콤하고 부드러워서 일식이나 화과자에도 잘 어울린다. 감칠맛이 강하고 떫은맛이 적은 특징이 있다.

[*] 도자기 회사는 웨지우드에 합병되었고, 홍차는 민튼의 상표권을 얻어 교에이 제다에서 만든 것이다.

티칸

손으로 딴 찻잎으로 티백의 개념을 바꾸다

TEEKANNE

https://www.teekanne.com
http://www.sungyou.co.kr
(공식수입처: ㈜성유엔터프라이즈)

티칸은 1882년에 창업한 독일의 오랜 티 제조사다. 허브차 브랜드 '퐁파두르'가 유명하지만, 티칸의 이름을 단 홍차 브랜드도 주목할만하다. 골드 시리즈는 가볍게 마실 수 있는 티백이면서 손으로 딴 찻잎을 사용한다는 특징이 있다. 홍차 전문가가 전 세계를 돌아다니면서 발견한 양질의 찻잎과 재료로 만든다. 찻잎 선정에서부터 티백의 제조, 상품개발 및 품질 관리, 출하에 이르는 모든 공정을 자사에서 일률적으로 관리한다. 그 결과로 얻은 높은 품질을 경험해보자.

인도 다르질링 지방의 다원에서 양질의 찻잎만 모아 만든 슈프림 다르질링(Supreme Darjeeling). 반짝이는 금빛 수색과 화려한 향기, 떫지 않은 섬세한 맛은 식어도 맛있다.

프리미어스티

홍차를 통한 치유와 감동의 시간을 선사한다

Premier's tea

인도의 제조 플랜트와 일본의 블렌딩 기술을 기반으로 1988년 설립된 티 브랜드다. 원산국에서 직수입한 홍차를 국제규격에 따른 엄격한 관리 시스템하에서 블렌딩하고, 오염물질 제거 및 포장까지 종합적으로 책임진다. '순수함에 대한 열정(The Passion of Purity)'을 기본 이념으로 삼아서, 인도 홍차의 장점을 한 사람이라도 더 많은 사람에게 전달하고자 인도의 고품질 홍차를 중심으로 상품을 구성했다. 특히 인도 3대 홍차인 다르질링, 아삼, 닐기리는 인도정부홍차국으로부터 100% 순수한 찻잎이라는 증명서를 취득했다.

http://www.premiers.co.kr

실버 매직 티 완드(Silver Magic Tea Wand). 엄선한 찻잎을 분말이 아닌 잎 형태 그대로 스틱에 담은 독특한 스타일의 홍차다. 세련된 포장이 선물하기에도 좋다.

클리퍼

공정하고 맛있는 세계 최초 공정무역 홍차

CLIPPER

클리퍼는 숙련된 티 테이스터 로렌과 마이크 브레임(Lorraine and Mike Brehme)이 1984년 영국에서 창업한 회사다. 적정한 가격을 지급해서 개발도상국의 생산자 및 노동자의 생활 개선과 자립을 지원하는 공정무역에 주력하여 1994년 세계 최초로 공정무역 홍차가 탄생했다. 주로 아프리카와 인도, 스리랑카의 다원에서 유기농 공정무역 찻잎만을 조달한다. 그레이트 테이스트 어워드(Great Taste Awards)*에서 수상할 정도로 맛에는 깐깐하지만, 적극적으로 사회활동에 참여하는 모습에 전 세계의 사랑을 받고 있다.

https://www.clipper-teas.com
http://www.organic-story.com
(공식수입차: ㈜유기농산)

강렬한 패키지가 눈길을 끄는 유기농 공정무역 홍차 빅벤(잉글리시 브렉퍼스트)(Organic Fairtrade Tea Big Ben(English Breakfast)). 엄선된 다원에서 재배한 최고품질의 유기농 아삼과 유기농 실론을 블렌딩했다.

* 유럽을 대표하는 식품 경연 대회. https://greattasteawards.co.uk

아마드티

높은 품질과 합리적인 가격, 무난하고 부담 없는 맛

AHMAD TEA

1953년 영국에서 창업했다. 1980년대에는 사우샘프턴에 티숍을 열고 상류계급의 기호품이던 홍차를 서민들도 가까이할 수 있는 가격으로 판매하면서 크게 번성했다. 무난하고 질리지 않는 맛이 많은 사랑을 받아 세계적인 홍차 브랜드로 성장했다. 현재 80개국 이상에서 판매되고 있다. 전통적인 블렌드 티부터 과일 가향차, 허브차, 디카페인 차까지 상품 구색이 다채롭다.

https://www.ahmadtea.com
http://www.teabreak.co.kr
(공식수입처: 삼주티앤비㈜)

떫은맛과 감칠맛이 조화로운 찻잎에 상큼한 베르가모트 향을 더한 잉글리시 티 넘버원(English Tea No.1), 부드러운 향과 은은하고 감미로운 끝맛이 특징인 오리지널 블렌드다.

자낫

파리의 로망이 담긴 향미 가득한 홍차

JANAT

'고양이, 여행, 파리'를 테마로 1872년 자나 도레(Janat Dores)가 프랑스에 문을 열었다. 전 세계에서 최고의 원재료를 대량으로 사들임으로써 가격을 낮추고 품질 좋은 상품을 적정한 가격에 판매한다. 브랜드 로고에는 도레가 아끼는 고양이 두 마리가 그려져 있다. 전 세계를 돌아다니던 도레가 돌아오는 날이면 어떻게 알았는지 문 앞에서 기다리고 있었다는 이야기가 전해진다. 파리지앵이 좋아하는 구운 사과 향의 폼다모르(Pomme d'amour) 등 가향차 분야가 특히 훌륭하다.

http://janat.co.kr

가장 인기 있는 얼그레이 헤리티지(Earl Grey Heritage). 창업자의 레시피를 바탕으로, 스리랑카 딤불라에서 재배된 찻잎을 사용하여 현지에서 만든다.

하나미즈키

홍차를 통한 치유와 감동의 시간을 선사한다

HANAMIZUKI

'한 잔의 홍차로 시작하는 양질의 삶'을 모티브로 하여 1991년 일본에서 문을 연 홍차 전문점이다. 다르질링, 아삼 같은 클래식 홍차부터 오리지널 가향차, 무카페인 루이보스차 등 다양한 차를 취급한다. 싱싱하고 새콤달콤한 백도와 라벤더 향이 은은하게 풍기는 대표작 '1991 하나미즈키'를 비롯해서, 향기가 풍성한 가향차의 인기가 특히 많다. 홍차와 어울리는 티 푸드인 오리지널 바움쿠헨의 제조 및 판매도 시작하여, 품위 넘치는 티타임을 연출해준다.

http://www.hanamizuki1991.com

다르질링으로 대표되는 클래식 홍차 외에도 창업지 이바라키현 쓰쿠바를 기념한 가향차 쓰쿠바노모리 같이 독특한 차도 생산한다.

하니앤손스

전 세계를 매료시키는 개성적인 향

HARNEY & SONS

하니앤손스는 존 하니(John Harney)가 1983년 뉴욕 교외에서 시작한 홍차 회사다. 세계 각국의 최고급 찻잎만을 사용하고, 전통적인 영국 홍차를 바탕으로 참신한 아이디어를 더한 창작 홍차를 잇달아 발표했다. 대표작인 '핫 시나몬 스파이스(Hot Cinnamon Spice)' 등 개성 넘치는 향으로 인기를 얻어, 지금은 전 세계의 고급 호텔과 레스토랑을 고객으로 두고 있다. 티 포트에서 정성껏 우려낸 홍차의 맛을 간편한 티백으로 재현한 티 사세(tea sachet)*도 매우 독특하다.

https://www.harney.com
https://www.instagram.com/harneykorea (국내 쇼룸&카페)

파리의 이미지를 구현한 블렌드 홍차 파리(PARIS). 바닐라와 캐러멜의 달콤함과 베르가모트의 상큼한 향미를 즐길 수 있다.

※ 티백의 다른 표현이며, 하니앤손스의 티백 상품명이기도 하다.

딤불라

아름다운 수색과 풍부한 향의 스리랑카 홍차가 한가득

dimbula

http://www.dimbula.net

홍차 전문가이자 에세이스트인 이소부치 다케시가 운영하는 일본의 홍차 전문점이다. 햇빛과 비를 듬뿍 받고 자란 스리랑카의 찻잎을 널리 알리기 위해 1979년에 문을 열었다. 가게 이름이기도 한 딤불라는 해발 1,800m 높이에 있는 스리랑카의 고지대다. 이곳에서 생산된 홍차는 장미 향과 풍부한 감칠맛, 아름다운 수색을 띤다. 지정 다원에서 연 3~4회 새로 딴 신선한 찻잎을 보내는데, 그 생생한 맛은 애호가들도 감탄시킨다.

상호이기도 한 간판상품 딤불라. 꽃향기 같은 달콤한 향이 감돌고, 붉은빛이 도는 오렌지색 수색이 아름답다. 맛이 순해서 마시기 부담 없는 좋은 차다.

나바라사

감정을 매만지는 신감각의 고품질 홍차

NAVARASA

http://shop.leafull.co.jp

다르질링으로 정평이 난 리풀에서 이세탄 백화점 신주쿠점 한정으로 선보이는 오리지널 브랜드다. 특히 희로애락 등 인간의 아홉 가지 감정을 뜻하는 나바라사(Navarasa)*를 테마로 블렌딩한 '이모셔널(Emotional)' 시리즈가 눈을 끈다. 그날그날 기분과 감정에 맞춰 즐기는 사이 어느덧 마음에 스며드는 홍차다. 다원별, 시즌별로 깐깐하게 고른 다르질링을 비롯한 세계 각국의 홍차 외에도 중국차와 오리지널 블렌드 홍차, 아로마차, 허브차 등도 준비되어 있다.

이모셔널 유(勇.용맹). 활력 넘치고 버팀목처럼 든든한 느낌을 주는 블렌드다. 아삼의 강렬한 맛과 레몬그라스의 상쾌한 향이 매력적이다.

---

* 사랑(Shringara), 웃음(Hasya), 분노(Raudra), 연민(Karuna), 증오(Bheebhatsya), 공포(Bhayanakam), 용맹(Veera), 경탄(Adbutha), 평온(Shantha)

다질리언

고품질의 찻잎을 합리적인 가격에 제공하는 티 브랜드

Darjeelian

인도와 스리랑카, 중국(이상 홍차), 유럽(허브차) 등 여러 나라에서 찻잎을 들여와 국내에서 블렌딩하여 판매하는 국산 티 브랜드다. 원하는 품질을 찾아 전 세계 여러 다원을 돌아보며 우수한 찻잎을 수급해 저렴한 가격에 다양한 블렌딩을 선보이고 있다. 더불어 국산녹차, 국산현미 등 국내산 재료와 안정적인 수입산 차 원료를 잘 활용해 한국인의 입맛에 맞는 차를 꾸준히 개발 중이다.

http://darjeelian.co.kr

다질리언의 마살라 차이. 담백한 홍차에 카다몬, 정향과 같은 향신료의 스파이스 향이 더해져 차 맛을 더욱 선명하게 만든다.

아레스 티

유기농 인증을 받은 홍차를 생산 및 판매

ARES TEA

기문, 운남, 닐기리, 누와라엘리야 등 최고급 찻잎을 사용해 홍차, 녹차, 허브차를 생산하고 판매하는 순수 우리 티 브랜드. 2014년부터는 주로 인도의 다원에서 유기농 찻잎을 조달하여 차를 생산하고 있으며, 국제인증기관으로부터 유기농 인증을 받았다. 신비로운 일러스트가 새겨진 홍차 틴은 분위기를 한껏 살려준다.

http://www.hanmaumds.co.kr

향긋함을 선사하는 아레스 오가닉 얼그레이. 선호도 1위에 빛나는 홍차다. 100% 유기농 인증을 받은 인도산 찻잎에 베르가모트 향이 균형 있게 더해진, 기본에 충실한 묵직한 맛이다.

오설록

한국의 전통 차 문화를 재정립하다

Osulloc

https://www.osulloc.com

국내 차 문화 발전에 일조한 아모레퍼시픽이 만든 티 브랜드다. 대부분 수입 찻잎에 의존하는 여타 브랜드와 달리, 재배에서 생산, 판매까지 한곳에서 이루어진다. 4개의 다원을 운영 중이며, 서광다원, 도순다원, 한남다원 3곳은 제주에, 강진다원 1곳은 전라남도 강진에 자리하고 있다. 전통적인 방식을 토대로 제조법과 발효법에서 현대의 기술을 더해 맛과 향의 깊이를 더한 발효명차를 만들어가고 있다.

붉은 장미와 달콤한 파파야가 곁들여져 화려한 향미가 인상적인 레드파파야블랙티. 고급스러운 홍차의 맛과 상큼발랄한 뒷맛을 느낄 수 있다.

티브리즈

시즌별 특징과 장점을 살린 다양한 블렌딩 홍차

T-Brise

http://www.samwontnb.co.kr

홍차뿐 아니라 녹차와 허브차를 다양하게 블렌딩하여 판매하는 국산 티 브랜드. 초보자부터 애호가까지 누구나 맛있게 마실 수 있는 차를 선택해 소개한다. 봄, 여름, 가을의 시즌별로 차를 3종류씩 선보이고 있으며, 다즐링의 경우 다원에서 지명한 고급제품을 합리적인 가격에 제공하고 있다. 차향과 맛에 따라 블렌딩 배합을 미묘하게 조정해 일정한 품질과 맛을 유지할 수 있도록 관리한다.

티브리즈의 블렌딩 홍차 머스캣(Muscat). 포도주를 만들 때 사용하는 머스캣 포도의 향과 그 향을 돋보이게 하는 홍차를 블렌딩했다. 청포도의 산뜻함과 풍부함이 아이스티로 잘 어울린다.

국내 홍차 & 홍차 도구 구입처

차를 즐기는 사람이 많아지면서 홍차 및 관련 도구를 판매하는 사이트도 늘었다.
오프라인 숍이 적은 상황에서 이러한 온라인 사이트를 잘 활용해보자.

① 스윗 티타임 http://www.sweetteatime.co.kr

② 앨리스키친 http://alicekitchen.co.kr

③ 와드몰 http://wadmall.com

④ 카페 뮤제오 http://www.caffemuseo.co.kr

⑤ 코코비아 http://www.cocobia.com

⑥ 티가든 http://teagarden.kr

⑦ 티이즈 http://www.teais.com

⑧ 티쿱스토어 http://teacoopstore.co.kr

⑨ 티하우스 http://teahouse.co.kr

⑩ 도깨비찻집 http://dokebi-tea-house.com

新版 おいしい紅茶の図鑑
©Sakae Yamada 2018
Originally published in Japan by Shufunotomo Co., Ltd.
Translation rights arranged with Shufunotomo Co., Ltd.
Korean edition published by arrangement with Shufunotomo Co., Ltd. through Shinwon Agency Co.
Korean translation copyright ©2020 by Bookers (imprint of EUMAKSEKYE)

맛있는 홍차를
집에서 즐기는 책

지은이　야마다 사카에
옮긴이　이승원

초판 1쇄　2020년 10월 26일

편집책임　김주현　　　**편집**　김주현, 성스레
디자인　안태현　　　**제작**　정수호
마케팅　사공성, 강승덕, 한은영

발행처　북커스
발행인　정의선
출판등록　2018년 5월 16일 제406-2018-000054호
주소　서울시 종로구 평창30길 10
전화　02-394-5981~2 (편집) 031-955-6980 (영업)

값 17,000원
ISBN 979-11-90118-15-6 (13590)